# 100种煎出来的
# 烘焙料理

彭依莎　主编

U0385978

黑龙江科学技术出版社
HEILONGJIANG SCIENCE AND TECHNOLOGY PRESS

图书在版编目（CIP）数据

100 种煎出来的烘焙料理 / 彭依莎主编 . -- 哈尔滨：
黑龙江科学技术出版社，2018.9
ISBN 978-7-5388-9714-2

Ⅰ . ① 1… Ⅱ . ①彭… Ⅲ . ①烘焙－糕点加工 Ⅳ .
① TS213.2

中国版本图书馆 CIP 数据核字 (2018) 第 114865 号

# 100 种 煎 出 来 的 烘 焙 料 理

100 ZHONG JIAN CHULAI DE HONGBEI LIAOLI

作　　者　彭依莎
项目总监　薛方闻
责任编辑　梁祥崇
策　　划　深圳市金版文化发展股份有限公司
封面设计　深圳市金版文化发展股份有限公司
出　　版　黑龙江科学技术出版社
　　　　　地址：哈尔滨市南岗区公安街 70-2 号　邮编：150007
　　　　　电话：（0451）53642106　传真：（0451）53642143
　　　　　网址：www.lkcbs.cn
发　　行　全国新华书店
印　　刷　深圳市雅佳图印刷有限公司
开　　本　723 mm×1020 mm　1/16
印　　张　10
字　　数　120 千字
版　　次　2018 年 9 月第 1 版
印　　次　2018 年 9 月第 1 次印刷
书　　号　ISBN 978-7-5388-9714-2
定　　价　39.80 元

# 目 录
# Contents

**Part 1**

## 时尚快餐

# Part2

# 好友相聚的下午茶

## Part 3

### 餐后还想吃的甜点

## Part 4

### 享受又无负担的美味

## Part5

### 欢聚时刻的美食

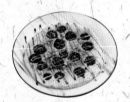

## Part6

### 适合送人的礼物甜点

Handmade        Delicious        Food

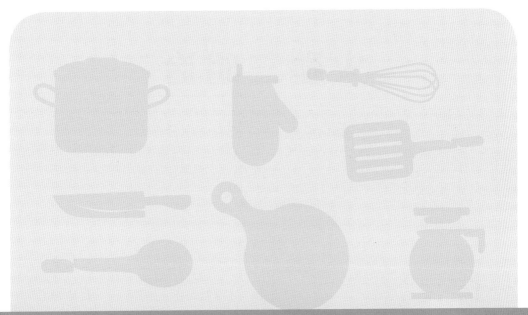

# 1

## 时尚快餐

周末除了舒舒服服睡个懒觉，
还少不了悠闲自得的进餐时光。
水波蛋、特制早餐三明治、美味汉堡包……
各种选择让你在美味中度过惬意的周末时光。

# 火腿三明治

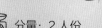

分量：2 人份　　烹饪时间：7 分钟

## 材料

火腿肠……1 根

酸黄瓜……40 克

吐司……2 片

圣女果……30 克

生菜叶……20 克

沙拉酱……适量

食用油……适量

Tips

可往三明治上抹上适量的奶
油，这样味道会更加好。

## 做法

1. 将火腿肠切成长片；将圣女果去蒂，切成片；
   将酸黄瓜切成片。

2. 平底锅中倒入食用油烧热，将火腿肠片铺在
   锅底，用中小火煎至上色，盛出火腿肠，沥
   干油分，待用。

3. 另起干净的平底锅加热，放入一片吐司，用
   中火煎至底面呈金黄色，翻面，继续煎至呈
   金黄色，依此法将另一片吐司煎好。

4. 取出煎好的吐司，在表面来回挤上沙拉酱，
   放上洗净的生菜叶。

5. 在另一片吐司上放上酸黄瓜，挤上沙拉酱。

6. 放上煎好的火腿肠，来回挤上沙拉酱，放上
   圣女果，来回挤上沙拉酱。

7. 盖上铺有生菜的吐司，轻轻压紧。

8. 用刀修去四边、四角，再沿对角线切成四块，
   装盘即可。

# 热力三明治

🔬 分量: 2 人份　　🕐 烹饪时间: 7 分钟

## 材料

熏火腿……40 克
生菜……20 克
黄油……20 克
吐司……2 片
芝士……2 片

## 做法

1. 熏火腿切成片，待用。

2. 洗净的生菜切段，待用。

3. 将吐司四周修整齐，待用。

4. 热锅放入黄油溶化，放入两片吐司，略微煎香，在两片吐司上分别放上熏火腿片。

5. 放上两片芝士，再放上熏火腿片、生菜叶。

6. 将两片吐司往中间一夹，制成三明治。

7. 将三明治放入煎锅，煎至表面呈金黄色。将煎好三明治盛出，对角切开即可。

Tips

吐司可以在处理食材前就放入烤箱烤 5 分钟，再夹上食材。

# 四季豆芦笋三明治

分量：2 人份　　烹饪时间：8 分钟

## 材料

白吐司……4 片
芦笋……4 根
四季豆……4 根
芝士……2 片
橄榄油……适量
盐……少许

## 做法

1. 锅中倒入水烧开，放入芦笋、扁豆，加入盐，
   煮一会儿后捞出，放置到不烫手时将芦笋去
   根，将芦笋、四季豆切成段。

2. 在 2 片吐司上分别放上芝士，交替摆放芦笋
   和四季豆，再盖上另外 2 片吐司片，夹紧。

3. 平底锅中倒入橄榄油加热，摆上夹好的吐司，
   上面放上锅铲压住，小火煎约 3 分钟，煎出
   焦色时翻面，再煎 2 分钟，盛出，放在砧板
   上，沿对角线对半切开即可。

| Tips |
焯煮芦笋、扁豆时，放入少许盐，可让其
颜色翠绿。

# 火腿鸡蛋三明治

🍳 分量：2人份　　🕐 烹饪时间：10分钟

## 材料

原味吐司……1个

黄瓜片……5片

生菜叶……1片

火腿片……3片

鸡蛋……1个

沙拉酱……适量

色拉油……少许

黄油……适量

## Tips

可以用橄榄油代替色拉油，这样味道更好。

## 做法

1. 将吐司切成2片，备用。煎锅注入色拉油，打入鸡蛋，煎至成形盛出。

2. 锅中加少许色拉油，放入火腿片，煎至两面呈微黄色后盛出。

3. 煎锅烧热，放入1片吐司，加入黄油，煎至金黄色，依此将另1片吐司煎至金黄色。

4. 在其中1片吐司上刷一层沙拉酱，放上荷包蛋，刷一层沙拉酱，放上生菜叶、黄瓜片，盖上吐司片，制成三明治，用刀从中间切成两半即成。

# 鸡蛋培根三明治

分量：2 人份　　烹饪时间：6 分钟

## 材料

吐司……2 片

培根……1 片

番茄……2 片

青椒圈……少许

鸡蛋……1 个

沙拉酱……适量

黄油……适量

色拉油……适量

Tips

可根据个人喜好，选用蓝莓酱或草莓酱等果酱代替沙拉酱。

## 做法

1. 煎锅中倒入少许色拉油，打入鸡蛋，煎至成形后盛出。

2. 煎锅烧热，放入吐司片，加入黄油，煎至金黄色后盛出。锅中加入色拉油，放入培根煎至两面呈焦黄色。

3. 在其中 1 片吐司上刷上沙拉酱，放上荷包蛋，再刷沙拉酱，放上青椒圈、番茄片，刷上沙拉酱，铺上培根片。

4. 在另 1 片吐司上刷上沙拉酱，盖在叠好的食材上，制成三明治。

5. 用蛋糕刀把三明治切成两半，装入盘中即可。

# 香果花生吐司

分量：2 人份　　烹饪时间：10 分钟

## 材料

吐司……2 片

开心果……20 克

杏仁……20 克

糖粉……30 克

花生酱……60 克

无盐黄油……40 克

动物性淡奶油……适量

蓝莓……少许

## 做法

1. 将开心果、杏仁混合在一起，切碎。

2. 将花生酱、无盐黄油倒入大玻璃碗中。

3. 碗中倒入糖粉，用橡皮刮刀翻拌至无干粉。

4. 倒入动物性淡奶油，用电动打蛋器将材料搅打至发泡，制成花生果酱。

5. 平底锅加热，放入吐司煎至底面呈金黄色。

6. 将吐司翻面，继续煎至呈金黄色，依此法将另 1 片吐司煎好。

7. 用抹刀将花生果酱抹在 2 片吐司表面，抹平。

8. 放上坚果碎、蓝莓做装饰即可。

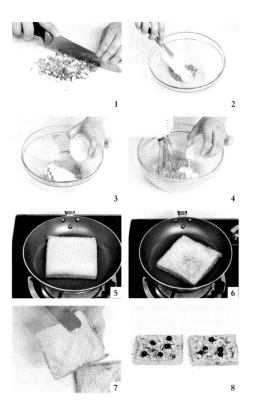

Tips

冰箱里取出的无盐黄油应放在常温下软化后再使用。

# 棉花糖吐司

分量：1 人份　　　烹饪时间：8 分钟

## 材料

吐司……2 片

巧克力酱……50 克

棉花糖……20 克

细砂糖……少许

## 做法

1. 平底锅加热，放入吐司，用小火慢煎至吐司底部上色。

2. 将棉花糖放在吐司表面，继续煎一会儿。

3. 将巧克力酱装入裱花袋里，再将巧克力酱来回挤在棉花糖上。

4. 盖上另 1 片吐司。

5. 将整个棉花糖吐司翻面。

6. 继续煎一会儿至吐司表面呈金黄色。

7. 将煎好的吐司装入盘中，在表面撒上一层细砂糖。

8. 来回挤上巧克力酱做装饰即可。

# 法式吐司 + 美式炒蛋

🏷 分量：2 人份　⏱ 烹饪时间：12 分钟

## 材料

鸡蛋……2 个　　　　吐司……2 片

动物性淡奶油……25 克　　盐……1 克

牛奶……115 毫升　　无盐黄油……少许

细砂糖……20 克

## 做法

1. 将一个鸡蛋倒入大玻璃碗中。

2. 倒入动物性淡奶油、牛奶、细砂糖，用手动打蛋器搅拌均匀。

3. 取一片吐司放在碗中泡约 1 分钟。

4. 平底锅中加入少许无盐黄油，边加热边搅拌至黄油融化。

5. 从碗中取出吐司放入平底锅中，用小火煎至吐司底部呈金黄色。

6. 将另一片吐司按照相同方法煎至表面呈金黄色，取出装盘。

7. 剩余的蛋液中倒入另一个鸡蛋、盐，搅拌均匀。

8. 平底锅中加入少许无盐黄油，边加热边搅拌至溶化。

9. 将拌匀的蛋液倒入平底锅中，边加热，边用筷子搅拌均匀，制成美式炒蛋，盛在煎好的吐司上即可。

# 蒜香吐司

分量：2人份　　烹饪时间：8分钟

## 材料

吐司……2 片
葱……7 克
蒜……20 克
盐……2 克
无盐黄油……35 克

## 做法

1. 将洗净的葱切成葱花，去外衣的蒜切成末。
2. 将切好的蒜末放入装有葱花的碗中，用勺子翻拌均匀。
3. 倒入盐，继续拌匀，倒入隔水溶化的无盐黄油里，搅拌均匀，制成葱蒜酱。
4. 将吐司的四边切掉，再沿对角线切成三角块。
5. 用刷子蘸上葱蒜酱，刷在切好的吐司上。
6. 将刷有葱蒜酱的一面贴在平底锅上。
7. 在吐司表面再刷上一层葱蒜酱。
8. 用小火煎出香味，翻面，煎至吐司两面呈金黄色，盛出即可。

| Tips |
大蒜要切碎，切得越碎越好，
蒜末越碎口感越细腻。

# 芝士片吐司花

分量：2 人份　　烹饪时间：10 分钟

## 材料

吐司……4 片
芝士片……4 片
食用油……少许

## 做法

1. 将一片吐司的四边切掉。
2. 用圆形模具按压出圆形的吐司。
3. 取一片芝士片，用同一个圆形模具按压出圆形芝士片。
4. 将圆形芝士片放在圆形吐司上，卷起，再切成段，制成芝士吐司段。
5. 用同样的方法完成剩余芝士吐司段的制作。
6. 平底锅里刷上少许食用油后加热，放入芝士吐司段。
7. 用小火煎约 5 分钟至芝士吐司表面上色，取出，待用。
8. 将剩余的吐司边放入锅中，继续用小火煎至两面呈金黄色，取出装盘。
9. 将煎好的芝士吐司段放在吐司边中即可。

# 彩绘煎饼

🍳 分量：3 ~ 4 人份　　🕐 烹饪时间：15 分钟

## 材料

全蛋液……50 克　　乳酪粉……30 克

细砂糖……15 克　　无盐黄油……15 克

牛奶……70 毫升　　可可粉……2 克

低筋面粉……90 克

## 做法

1. 提前画好饼干的卡通图样，待用。

2. 依次将全蛋液、细砂糖、牛奶倒入大玻璃碗中，用手动打蛋器搅拌均匀。

3. 先后将低筋面粉、乳酪粉过筛至碗里，搅拌至无干粉的状态。

4. 将无盐黄油放入小钢锅中，边隔水加热边搅拌均匀至无盐黄油溶化，倒入碗里，搅拌均匀，制成煎饼面糊。

5. 取适量煎饼面糊装入小玻璃碗中，再倒入可可粉搅拌匀，制成可可粉面糊，待用。

6. 将煎饼面糊和可可粉面糊分别装入两个裱花袋里，待用。

7. 将平底锅置于灶台上，放上高温布，再将卡通图样铺在高温布下面，一边开小火加热，一边用可可粉面糊画出卡通动物的轮廓，煎约 1 分钟，关火，凉凉后用煎饼面糊涂满。

8. 用小火煎约 2 分钟，再抽出卡通图样。

9. 将煎饼翻一面，拿走高温布，煎一会儿至煎饼两面呈金黄色即可。

# 红豆煎饼

分量: 3 ~ 4 人份　　烹饪时间: 12 分钟

## 材料

中筋面粉……100 克

沸水……50 毫升

冷水……20 毫升

红豆泥……90 克

食用油……少许

## 做法

1. 将中筋面粉、沸水、冷水倒入大玻璃碗中，搅拌均匀，揉搓成面团，静置、发酵片刻。

2. 将面团揉搓成光滑的面团，分成两等份，均揉搓成球形的面团，擀成薄面皮，在面皮的中间放上红豆泥，用橡皮刮刀将红豆泥抹均匀。

3. 盖上一片面皮，用手轻压面皮表面，使之贴合紧密，用 6 寸圆形蛋糕模按压出煎饼坯。

4. 平底锅刷上油，开中小火加热，煎约 3 分钟至表面呈金黄色，取出装盘，用刀切成八等分即可。

Tips

将揉搓好的面团放入冰箱中静置、发酵，成品的口感会更有韧性。

# 卡仕达煎饼

🔲 分量: 4 人份　　🕐 烹饪时间: 46 分钟

## 材料

中筋面粉……200 克
卡士达粉……35 克
热水……100 毫升
清水……40 毫升
食用油……适量

## 做法

1. 将中筋面粉、热水倒入大玻璃碗中，拌至无干粉。

2. 倒入 20 毫升清水，拌匀，取出揉搓成面团。

3. 往装有卡士达粉的小玻璃碗中倒入 20 毫升清水，搅拌均匀，制成卡仕达馅。

4. 将面团放回碗中，静置发酵约 30 分钟，将面团分成数个小面团，再捏成圆面团，擀成薄面皮。

5. 将卡仕达馅涂在薄面皮上，盖上另一片薄面皮，制成卡仕达饼坯。

6. 平底锅刷上油烧热，放入卡仕达饼坯，用中小火煎至金黄色，分切成小块即可。

Tips

若在锅中不方便将饼分成小块，可待其煎熟放凉后再切成小块。

# 抹茶草莓煎饼

分量：3 ~ 4 人份　　烹饪时间：45 分钟

## 材料

低筋面粉……120 克
抹茶粉……6 克
细砂糖……30 克
热水……50 毫升
清水……20 毫升
草莓果酱……适量
食用油……适量

## 做法

1. 将低筋面粉、抹茶粉倒入大玻璃碗中。

2. 碗中倒入热水，搅拌均匀。

3. 将细砂糖装入小玻璃碗中，倒入清水，拌至细砂糖溶化，再倒入大玻璃碗中，拌成无干粉的面糊。

4. 用手将面糊揉搓成光滑的面团，放回碗中，盖上保鲜膜，静置发酵约30 分钟，撕掉保鲜膜，将发酵好的面团分成两个小面团。

5. 将小面团揉搓成光滑的圆面团，再擀成厚薄一致的面皮。

6. 将草莓果酱涂抹在一张薄面皮上，再盖上另一片薄面皮，轻轻压紧，使之贴合紧密，即成抹茶草莓饼坯。

7. 平底锅上刷上少许食用油烧热，放入抹茶草莓饼坯，用中小火煎至底面呈金黄色。

8. 翻面，继续用中小火煎至底面呈金黄色，盛出煎好的抹茶草莓饼坯，用刀切成三角块即可。

## 材料

中低筋面粉……200 克

可可粉……15 克

糖粉……20 克

食用油……少许

热水……100 毫升

清水……22 毫升

## 做法

1. 可可粉装入小玻璃碗中，加入糖粉、22 毫升清水，搅拌均匀至呈浓稠的糊状，即成可可馅。

2. 将中筋面粉、100 毫升热水倒入大玻璃碗中，拌至无干粉，倒入 40 毫升清水，拌匀，取出揉搓成面团。

3. 将揉好的面团放回碗中，盖上保鲜膜，静置发酵约 30 分钟，撕掉保鲜膜，分成数个小面团，捏圆。

4. 用擀面杖将圆面团擀成厚薄一致的薄面皮，涂上可可馅，再盖上另一片薄面皮，轻轻压紧，使之贴合紧密，即成巧克力饼坯。

5. 平底锅上刷上少许食用油烧热，放入巧克力饼坯。

6. 用中小火煎至底面呈金黄色，翻面，继续用中小火煎至底面呈金黄色。

7. 盛出煎好的巧克力薄饼，用刀切成块即可。

# 巧克力煎饼

分量：3 ~ 4 人份　　烹饪时间：45 分钟

# 胡椒草菇薄饼

分量：1 人份　　烹饪时间：13 分钟

## 材料

全蛋液……30 克
牛奶……20 毫升
低筋面粉……35 克
盐……3 克
食用油……6 毫升
胡椒碎……2 克

清水……60 毫升
无盐黄油……8 克
草菇片……35 克
圣女果……50 克
生菜叶……少许

## 做法

1. 平底锅中倒入食用油加热，放入草菇片，用中小火煎至两面呈金黄色。

2. 撒上 1 克盐，翻炒至入味，盛出待用，即成内馅。

3. 依次将全蛋液、牛奶、2 克盐、60 毫升清水、1 克胡椒碎倒入大玻璃碗中，拌匀。

4. 将低筋面粉过筛至碗中，快速搅拌至无干粉。

5. 倒入隔水溶化的无盐黄油，拌匀，即成薄饼面糊。

6. 平底锅擦上少许无盐黄油加热，倒入薄饼面糊使之呈圆片状，用中小火煎至上色，即成薄饼。

7. 放上炒好的草菇、部分切成片的圣女果，再将薄饼折成三角形包住食材。

8. 翻面，盛出装盘，撒上剩余胡椒碎，再放上生菜叶、剩余圣女果做装饰即可。

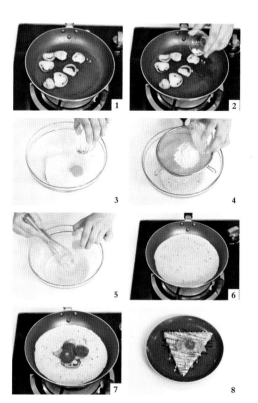

Tips

无盐黄油使用前需要在室温软化。

# 水波蛋早餐薄饼

分量：1 人份　　烹饪时间：75 分钟

## 材料

鸡蛋……2 个

牛奶……40 毫升

盐……2 克

清水……220 毫升

低筋面粉……35 克

朗姆酒……20 毫升

无盐黄油……80 克

白醋……少许

蛋黄……20 克

黄芥末……10 克

柠檬汁……3 毫升

罗勒叶……少许

---

| Tips |

煎锅中的油温以三四成热为
宜，过高的油温会将薄饼的
表面煎煳。

## 做法

1. 将 1 个鸡蛋、牛奶、1 克盐、100 毫升清水
   倒入大玻璃碗中，用手动打蛋器搅散。

2. 将低筋面粉过筛至碗里，继续搅拌均匀，倒
   入朗姆酒，搅拌均匀。

3. 将隔水溶化的 15 克无盐黄油倒入碗中，搅
   拌均匀，即成薄饼面糊，静置约 1 小时。

4. 平底锅擦上少许无盐黄油加热，倒入薄饼面
   糊使之呈圆片状，用中小火煎至上色，折成
   三角形，即成薄饼，盛出装盘。

5. 另起平底锅，倒入 120 毫升清水、白醋，
   煮至微微沸腾，打入一个鸡蛋，改中小火煮
   约 3 分钟。

6. 取出水煮蛋，沥干水分，放在薄饼上。

7. 将蛋黄、黄芥末酱倒入大玻璃碗中，搅拌均
   匀，倒入柠檬汁、溶化的 60 克无盐黄油，
   快速搅拌均匀，即成荷兰酱。

8. 将荷兰酱淋在水煮蛋上，放上罗勒叶做装饰
   即可。

# 玉米青豆薄饼

分量：2 人份　　烹饪时间：8 分钟

## 材料

熟青豆……50 克

玉米粒……50 克

鸡蛋……1 个

芝士……2 片

低筋面粉……50 克

牛奶……100 毫升

黑胡椒粉……5 克

盐……2 克

椰子油……10 毫升

Tips

青豆口感较硬，可以事先焯熟。

## 做法

1. 取大碗，倒入牛奶，放入芝士片，打入鸡蛋，倒入洗净的玉米粒，加入洗净的青豆，搅匀。

2. 倒入一半椰子油，倒入低筋面粉，加入盐，搅匀，制成面糊，待用。

3. 锅置火上，倒入剩余椰子油，烧热。

4. 舀适量面糊，放入锅中，煎约 1 分钟至底部微黄，翻面。

5. 续煎 1 分钟至焦香熟透，剩余面糊依次煎熟。

6. 关火后将煎好的薄饼装盘，撒上黑胡椒粉即可。

# 水果热松饼

🏋 分量：2 人份　🕐 烹饪时间：5 分钟

## 材料

西柚……130 克
芒果……200 克
鸡蛋……2 个
低筋面粉……100 克
黄油……30 克
牛奶……70 毫升

## 做法

1. 洗净的西柚切开去皮，切成小块，待用。
2. 洗净的芒果切开去皮，取果肉，待用。
3. 将鸡蛋打在备好的盘中，搅打匀。
4. 注入牛奶，搅拌均匀，倒入融化的黄油，搅拌均匀，筛入低筋面粉拌匀，制成面糊。
5. 平底锅烧热，倒入适量面糊。
6. 煎至表面起泡，翻面，煎至两面焦糖色盛出，装盘，在盘子旁边摆上切好的水果即可。

Tips

煎松饼时，待表面浮现泡泡，再翻面最为合适。

# 黑椒火腿松卷

分量: 2人份　　烹饪时间: 7分钟

## 材料

低筋面粉……100 克

全蛋液……30 克

火腿肠……1 根

牛奶……118 毫升

细砂糖……15 克

泡打粉……1 克

盐……2 克

黑胡椒碎……2 克

食用油……少许

## 做法

1. 依次将牛奶、全蛋液、细砂糖、盐倒入大玻璃碗中，用手动打蛋器搅拌均匀。

2. 倒入黑胡椒碎，拌匀。

3. 将低筋面粉、泡打粉过筛至碗里，搅拌成无干粉的面糊。

4. 平底锅刷上少许食用油后加热。

5. 倒入适量面糊，用中火煎约 1 分钟至定型。

6. 续煎一会儿至底部上色，放入去除外包装的火腿肠，轻轻提起一端包住火腿肠后卷成卷。

7. 不断翻滚，再改小火煎约 1 分钟至底部呈金黄色，即成黑椒火腿松饼。

8. 盛出煎好的黑椒火腿松饼，对半切开即可。

Tips ————

可以往面糊中放入一点五香粉，煎出来的饼味道更香。

# 汉堡包

〰❦〰

🍳 分量：2 人份    🕐 烹饪时间：8 分钟

## 材料

芝士……2 片
生菜……50 克
黄油……20 克
汉堡面包……40 克
海鲜肠……20 克

## 做法

1. 备好的海鲜肠对半切开，待用。
2. 洗净的生菜切小块，待用。
3. 热锅，放入黄油，待其溶化。
4. 放入汉堡面包，稍微煎至吸入黄油，盛出待用。
5. 再放入海鲜肠稍微煎热，取出。
6. 在汉堡面包底部，放入海鲜肠。
7. 放入芝士片。
8. 放上生菜，盖上汉堡面包即可。

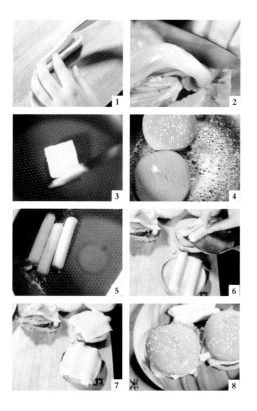

> **Tips** ————————————————
>
> 黄油宜用中火煎制。

Handmade    Delicious    Food

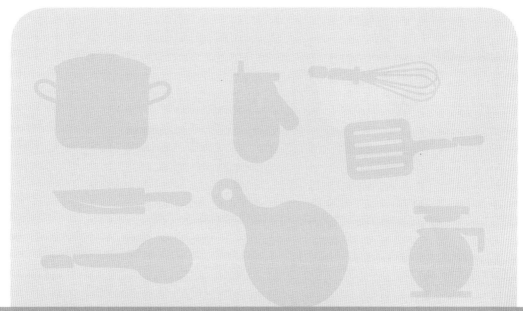

# 好友相聚的下午茶

在阳光充足的午后，
约上三五知己，听着轻柔的音乐，
聊着生活趣事，就是一个完美的下午。
一块蛋糕、一个松饼，就是有滋有味的生活。

# 原味麦芬

分量：2人份　　烹饪时间：22分钟

## 材料

低筋面粉……95克

无盐黄油……35克

细砂糖……30克

全蛋液……30克

牛奶……8毫升

泡打粉……1克

橙皮丁……8克

盐……少许

## 做法

1. 将无盐黄油、细砂糖倒入大玻璃碗中，以橡皮刮刀拌匀。

2. 倒入盐，翻拌均匀，分次倒入全蛋液，翻拌均匀。

3. 倒入牛奶，翻拌均匀，倒入橙皮丁。

4. 将泡打粉、低筋面粉过筛至碗里，用橡皮刮刀翻拌成无干粉的面糊。

5. 将面糊装入裱花袋中，用剪刀在尖端处剪一个小口。

6. 平底锅铺上高温布，放上圆形模具，往模具内挤入适量面糊。

7. 盖上锅盖，用小火煎约20分钟至熟。

8. 取出麦芬，待凉后脱模即可。

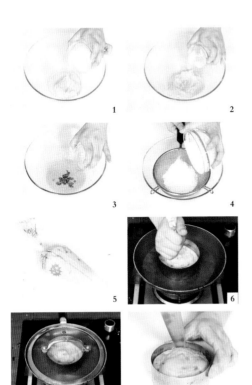

Tips

将面糊混合均匀后，需要马上入煎锅，否则影响麦芬的膨发。

# 奥利奥麦芬

🏷 分量：3 人份　　🕐 烹饪时间：30 分钟

## 材料

低筋面粉……100 克

无盐黄油……35 克

细砂糖……35 克

全蛋液……55 克

牛奶……8 毫升

酸奶……30 克

泡打粉……1 克

奥利奥饼干碎……20 克

防潮糖粉……少许

## 做法

1. 将无盐黄油、细砂糖倒入大玻璃碗中，以橡皮刮刀拌匀。

2. 分次加入全蛋液，边倒边搅拌。

3. 倒入酸奶，拌匀，倒入牛奶，拌匀。

4. 将低筋面粉、泡打粉过筛至碗里，翻拌至无干粉。

5. 倒入奥利奥饼干碎，翻拌均匀，即成饼干面糊。

6. 将饼干面糊装入裱花袋中，用剪刀在尖端处剪一个小口。

7. 平底锅铺上高温布，放上圆形模具，往模具内挤入适量饼干面糊。

8. 盖上锅盖，用小火煎约 20 分钟至熟，取出待凉后脱模，筛上一层防潮糖粉即可。

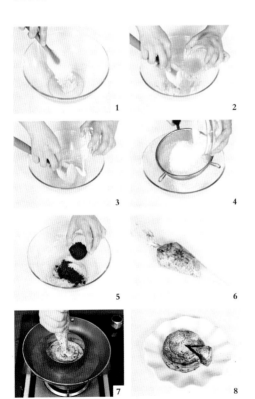

1　　2

3　　4

5　　6

7　　8

> **Tips**
>
> 若没有低筋面粉，可以用高筋面粉和淀粉以 1：1 的比例进行配制。

# 奶油胚麦芬

分量：3 人份　　烹饪时间：30 分钟

## 材料

低筋面粉……100 克
牛奶……20 毫升
细砂糖……35 克
全蛋液……34 克
盐……1 克
无盐黄油……115 克
糖粉……60 克
薄荷叶……少许

| Tips |

可以在麦芬上装饰适量的水
果,既美观味道又好。

## 做法

1. 将 35 克无盐黄油、细砂糖倒入大玻璃碗中,
   用电动打蛋器搅拌均匀。

2. 倒入全蛋液、盐、牛奶,搅拌均匀。

3. 将低筋面粉过筛至碗中,以橡皮刮刀翻拌成
   无干粉的面糊。

4. 将面糊装入裱花袋中,用剪刀在尖端处剪一
   个小口。

5. 平底锅铺上高温布,放上圆形模具,往模具
   内挤入适量面糊,用小火煎约 20 分钟至熟,
   取出待凉后脱模,即成麦芬,用抹刀切成厚
   薄一致的三片。

6. 将 80 克无盐黄油、50 克糖粉倒入另一个干
   净的大玻璃碗中,用电动打蛋器搅打均匀,
   即成夹馅,装入裱花袋,用剪刀在尖端处剪
   一个小口。

7. 取一片麦芬放在转盘上,以画圈的方式由内
   向外挤上一层夹馅,盖上第二片麦芬,同样
   挤上夹馅。

8. 盖上最后一片麦芬,再挤上一层夹馅,放上
   薄荷叶做装饰,筛上剩余糖粉即可。

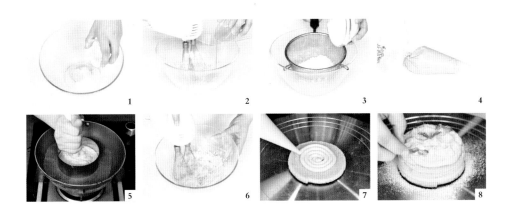

# 抹茶花豆蛋糕

分量：2 人份　　烹饪时间：12 分钟

## 材料

细砂糖……50 克
牛奶……30 毫升
食用油……30 毫升
低筋面粉……55 克
抹茶粉……8 克
蛋黄……60 克
蛋白……75 克
彩糖……适量

Tips

打发蛋白时要分三次倒入细砂糖。

## 做法

1. 将 15 克细砂糖、牛奶、25 毫升食用油倒入大玻璃碗中拌匀，将低筋面粉、5 克抹茶粉一起过筛至碗中，拌至无干粉，倒入蛋黄，搅拌均匀，即成抹茶蛋黄糊。

2. 将蛋白倒入另一个大碗中，加入 35 克细砂糖，搅打至蛋白偏干性发泡，即成蛋白糊，取三分之一倒入抹茶蛋黄糊中拌匀，再倒回蛋白中，拌匀，即成抹茶面糊。

3. 平底锅上抹上剩余的食用油加热，倒入抹茶面糊，用小火煎约 6 分钟，即成抹茶蛋糕。

4. 将冷却的蛋糕切成三角形，装入盘中，放上彩糖，撒上剩余抹茶粉即可。

# 巧克力冰盒蛋糕

分量：1 人份　　烹饪时间：18 分钟

## 材料

全蛋液……80 克

细砂糖……70 克

蜂蜜……12 克

酱油……4 毫升

味啉……4 克

低筋面粉……80 克

小苏打粉……2 克

动物性淡奶油……150 克

可可粉……20 克

玉米片……适量

彩针糖……少许

食用油……适量

清水……25 毫升

## 做法

1. 依次将全蛋液、70 克细砂糖、蜂蜜、酱油、味啉、低筋面粉倒入大碗中拌匀成面糊。

2. 小苏打粉中加入 25 毫升清水拌匀，倒入面糊中拌匀，装入裱花袋里。

3. 将平底锅刷上油烧热，挤入面糊煎成面饼，盛出，放凉后用圆形压模压出数个小圆片。可可粉中加入热水，拌匀成巧克力浆。

4. 动物性淡奶油打至发泡，倒入巧克力浆，拌匀成巧克力鲜奶油，装入裱花袋里，挤在玻璃杯底，放上一片面饼，挤上巧克力鲜奶油，放上玉米片，挤上巧克力鲜奶油，最后放上彩针糖作装饰即可。

# 可可千层蛋糕

 分量: 4 人份　　🕐 烹饪时间: 20 分钟

## 材料

低筋面粉……200 克　　泡打粉……2 克

全蛋液……100 克　　防潮糖粉……少许

牛奶……150 毫升　　草莓块……少许

细砂糖……35 克　　食用油……少许

可可粉……4 克

无盐黄油……25 克

## 做法

1. 依次将全蛋液、细砂糖倒入大玻璃碗中，搅散，再倒入牛奶，继续搅拌均匀。

2. 先后将低筋面粉、泡打粉过筛至大玻璃碗中，搅拌至无干粉。

3. 倒入隔水溶化的无盐黄油，继续搅拌均匀。

4. 可可粉加适量温水，搅拌均匀，倒入大玻璃碗中，快速搅拌均匀，即成蛋糕糊。

5. 平底锅擦上少许食用油后加热，倒入蛋糕糊，晃动几下使之平整，煎至两面呈金黄色，即成薄饼，盛出。

6. 依此法再煎出3张薄饼，贴在一起，即成千层蛋糕。

7. 将千层蛋糕对半切后叠在一起，再分切成四等份，装入盘中。

8. 将防潮糖粉过筛至千层饼表面，放上草莓做装饰即可。

Tips

煎饼的时候火候一定要注意，以免煎煳。

# 柠檬芒果千层蛋糕

分量：4 人份　　烹饪时间：12 小时 40 分钟

## 材料

低筋面粉······85 克

细砂糖······45 克

牛奶······210 毫升

全蛋······90 克

芒果······200 克

淡奶油······245 克

橙酒······5 毫升

浓缩柠檬汁······10 克

食用油······少许

Tips

面皮一定要放凉后再抹上鲜奶油，否则鲜奶油容易融化。

## 做法

1. 在搅拌盆中筛入低筋面粉，再加入细砂糖 20 克，搅拌均匀。

2. 在步骤 1 的粉类中央挖一个洞，倒入牛奶 90 毫升、淡奶油 65 克及全蛋，用手动打蛋器搅拌至无颗粒状。

3. 倒入牛奶 120 毫升，搅拌均匀。

4. 用筛网将步骤 3 的混合物过滤，静置 30 分钟，制成面糊。

5. 在平底锅内抹少许油，将适量的面糊放入其中，摊成面皮。共需摊 9 张面皮。

6. 芒果切块备用。

7. 将淡奶油 180 克与细砂糖 25 克倒入搅拌盆中，用电动打蛋器快速打发，加入橙酒和浓缩柠檬汁，搅拌均匀。

8. 取一个盘子，将摊好的面皮放在盘底，在面皮上涂一层步骤 7 中的混合物，然后放上一层芒果，再放一层面皮，步骤重复 7 次。完成后放入冰箱冷藏 12 小时。

# 千层蛋糕

分量：4 人份　　烹饪时间：30 分钟

## 材料

牛奶……375 毫升

打发的鲜奶油……适量

低筋面粉……150 克

鸡蛋……85 克

黄油……40 克

色拉油……10 毫升

细砂糖……25 克

## 做法

1. 将牛奶、细砂糖倒入大碗中，快速搅拌均匀，倒入色拉油，加入鸡蛋、黄油，继续搅拌。

2. 把低筋面粉过筛至碗中，拌匀，制成面糊。

3. 煎锅置于火上，倒入适量面糊，煎至起泡，翻面，煎至两面呈焦黄色即可出锅，依此将余下的面糊煎成面皮。

4. 在案台上铺一张白纸，放上煎好的面皮，均匀地抹上一层鲜奶油，再放上一张煎好的面皮，并均匀地抹上一层鲜奶油。

5. 依此将余下的面皮叠放整齐，制成千层蛋糕。

6. 用刀把千层蛋糕切成小块，装入盘中即可。

Tips

面皮一定要放凉后再抹上鲜奶油，否则鲜奶油容易融化。

# 可丽饼

分量：1 人份　　烹饪时间：40 分钟

## 材料

黄油……15 克

白砂糖……8 克

盐……1 克

低筋面粉……100 克

鲜奶……250 毫升

鸡蛋……3 个

打发鲜奶油、草莓……各适量

蓝莓、黑巧克力液……各适量

## Tips

煎制可丽饼时火候不要过大，以免成品颜色太深。

## 做法

1. 将鸡蛋、白砂糖倒入碗中，放入鲜奶、盐、黄油，搅拌均匀。

2. 将低筋面粉过筛至碗中，搅拌匀，呈糊状，放入冰箱，冷藏 30 分钟。

3. 煎锅置于火炉上，倒入面糊，煎约 30 秒至金黄色，呈饼状，折两折，装入盘中，依次将剩余的面糊煎成面饼，装入盘中。

4. 将花嘴模具装入裱花袋中，把裱花袋尖端部位剪开，倒入打发鲜奶油，在每一层面饼上挤入鲜奶油，再往盘子两边挤上鲜奶油，摆放上草莓，撒入适量的蓝莓，在面饼上快速挤上黑巧克力液即可。

# 法式薄饼

分量：1 人份　　烹饪时间：68 分钟

## 材料

全蛋液……35 克　　　橙皮丁……20 克

细砂糖……10 克　　　甜奶油……适量

牛奶……150 毫升　　　淡奶油……适量

低筋面粉……60 克　　草莓片……适量

泡打粉……2 克　　　炼乳……适量

无盐黄油……20 克　　橄榄油……适量

## 做法

1. 将全蛋液、细砂糖、牛奶倒入大玻璃碗中，用手动打蛋器搅拌均匀。

2. 将低筋面粉、泡打粉过筛至碗里，搅拌至无干粉。

3. 将无盐黄油隔水溶化后倒入碗中，拌匀，过筛至另一个玻璃碗中，倒入橙皮丁，静置约1 小时，即成薄饼糊。

4. 平底锅中刷上橄榄油加热，倒入薄饼糊，摊平，用中小火煎约 3 分钟至成饼。

5. 翻面，继续煎一会儿至两面呈金黄色，将饼折成三角形，即成薄饼，盛出。

6. 将甜奶油、淡奶油装入碗中，用电动打蛋器搅打一会儿至发泡，装入裱花袋中。

7. 在煎好的薄饼上放上草莓片，挤上步骤 6 中打发的奶油。

8. 将炼乳装在裱花袋里，用来回的方式挤在薄饼上即可。

# 原味松饼

分量: 1 人份　　烹饪时间: 6 分钟

## 材料

全蛋液……30 克　　无盐黄油……15 克

牛奶……120 毫升　　泡打粉……1.5 克

低筋面粉……140 克　　食用油……少许

细砂糖……40 克　　圣女果……适量

## 做法

1. 将全蛋液、牛奶、细砂糖倒入大玻璃碗中，搅散。

2. 将低筋面粉过筛至碗里，以橡皮刮刀翻拌成无干粉的面糊。

3. 将泡打粉倒入隔热水溶化的无盐黄油里，搅拌均匀。

4. 将拌匀的无盐黄油倒入面糊里，继续搅拌均匀。

5. 平底锅刷上少许食用油后加热。

6. 倒入适量面糊，用中火煎约 1 分钟至定型。

7. 续煎一会儿至底部呈金黄色，翻面，再改小火煎约 1 分钟至底部呈金黄色，即成原味松饼。

8. 盛出煎好的原味松饼，装饰上圣女果即可。

# 杂果蜂蜜松饼

分量：2 人份　　　烹饪时间：15 分钟

## 材料

牛奶……120 毫升

细砂糖……53 克

低筋面粉……110 克

火龙果粒……15 克

蓝莓……10 克

草莓粒……10 克

全蛋液……30 克

蜂蜜……23 克

无盐黄油……15 克

泡打粉……1.5 克

打发淡奶油……适量

防潮糖粉……少许

食用油……少许

Tips ————————

搅拌面糊时一定要搅拌匀，
以免影响口感。

## 做法

1. 将牛奶、全蛋液倒入大玻璃碗中，拌匀，倒入细砂糖、蜂蜜，搅拌均匀。

2. 将低筋面粉、泡打粉过筛至碗里，搅拌成无干粉的面糊。

3. 倒入隔热水溶化的无盐黄油，拌匀成能挂浆的面糊。

4. 平底锅擦上少许食用油后加热，倒入适量面糊，用中火煎至两面呈金黄色，即成蜂蜜松饼。

5. 依此法再煎出两块蜂蜜松饼，盛出煎好的蜂蜜松饼，待用。

6. 将打发淡奶油装入裱花袋，在裱花袋尖端处剪一个小口，将打发淡奶油用画圈的方式由内往外挤在蜂蜜松饼上。

7. 在打发淡奶油边缘上摆上火龙果粒、草莓粒、蓝莓，盖上另一块蜂蜜松饼，挤上打发淡奶油，再摆上火龙果粒、草莓粒、蓝莓。

8. 盖上最后一块蜂蜜松饼，再放上火龙果粒、草莓粒、蓝莓做装饰，筛上一层防潮糖粉即可。

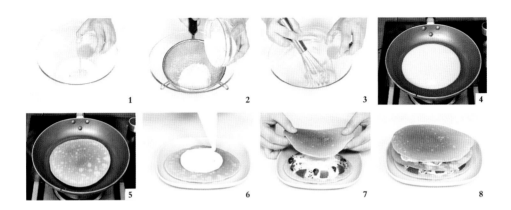

# 香蕉松饼

分量：2 人份　　烹饪时间：6 分钟

## 材料

香蕉……255 克

低筋面粉……280 克

鸡蛋……1 个

圣女果……30 克

泡打粉……3 克

牛奶……100 毫升

食用油……适量

## 做法

1. 将一半香蕉去皮，切段，切碎。

2. 另一半香蕉去皮，切成段。

3. 洗净的圣女果对半切开。

4. 将香蕉段、圣女果摆放在盘中，香蕉碎装入小碗。

5. 取一个碗，倒入低筋面粉、泡打粉、香蕉碎。

6. 倒入鸡蛋，淋入牛奶，搅拌匀，制成面糊。

7. 锅内抹上一层食用油，倒入面糊。

8. 煎至定型后翻面，煎至两面呈金黄色。

9. 关火后将松饼盛出，装入摆有香蕉段、圣女果的盘中即可。

# 冰激凌抹茶煎饼

分量：1 人份　　烹饪时间：20 分钟

## 材料

低筋面粉……107 克

牛奶……125 毫升

细砂糖……45 克

全蛋液……20 克

抹茶粉……4 克

泡打粉……1.5 克

香草精……1 克

冰激凌……适量

食用油……少许

## 做法

1. 将牛奶、全蛋液、细砂糖、香草精倒入大玻璃碗中，用手动打蛋器搅拌均匀。

2. 将低筋面粉、抹茶粉、泡打粉过筛至碗里，搅拌成无干粉的面糊。

3. 平底锅刷上少许食用油后加热。

4. 倒入适量面糊，用中火煎约 1 分钟至定型。

5. 继续煎一会儿，翻面，再改小火煎约 1 分钟至底部呈金黄色，即成抹茶煎饼。

6. 依此法再煎出 3 块抹茶煎饼，盛出煎好的抹茶煎饼，凉凉至室温。

7. 用冰激凌挖球器挖出两个冰激凌球，放在抹茶煎饼上即可。

# 覆盆子杏仁蛋白饼

🔲 分量：2 人份　　🕐 烹饪时间：20 分钟

## 材料

蛋白……45 克

细砂糖……15 克

糖粉……40 克

低筋面粉……50 克

草莓果酱……适量

切片草莓……适量

## 做法

1. 将蛋白、细砂糖倒入大玻璃碗中。

2. 用电动打蛋器将碗中材料搅打至发泡。

3. 将低筋面粉、糖粉一起过筛至大玻璃碗中，用橡皮刮刀将材料翻拌至无干粉，即成面糊。

4. 将面糊装入裱花袋里，在裱花袋的尖角处剪一个小口。

5. 平底锅上垫上高温布，再放上圆形模具，往模具内挤入适量面糊，开中火煎一会儿。

6. 提走圆形模具，盖上锅盖，改小火煎约 3 分钟。

7. 翻一面，撤走高温布，继续煎约 1 分钟，取出煎好的蛋白饼，依此法完成剩余的蛋白饼。

8. 用抹刀将草莓果酱抹在蛋白饼上，再盖上另一块蛋白饼，装饰上切片草莓即可。

---

| Tips |

蛋白要完全打发，这样成品才会有蓬松的口感。

# 法兰克福面包布丁

🍳 分量：2 人份　　🕐 烹饪时间：25 分钟

## 材料

吐司……4 片

全蛋液……120 克

蛋黄……70 克

牛奶……200 毫升

动物性淡奶油……140 克

细砂糖……80 克

葡萄干……20 克

Tips

牛奶入锅加热的时间不宜太久，否则会破坏其营养物质，影响人体吸收。

## 做法

1. 将全蛋液、蛋黄倒入大玻璃碗中，用手动打蛋器搅拌均匀。

2. 平底锅置中倒入牛奶、细砂糖，边加热边搅拌至细砂糖完全溶化，再倒入动物性淡奶油，搅拌匀。将锅中材料倒入玻璃碗中，边倒边快速搅拌均匀，即成奶油蛋糊。

3. 用切刀将吐司的四边切掉，再切成块。

4. 取四方形模具，用高温布垫底，倒入大玻璃碗中的奶油蛋糊，放上切好的吐司块，撒上葡萄干。

5. 将四方形模具放入平底锅中，用中火煎约18 分钟，取出面包布丁，脱模即可。

# 巧克力司康

分量：5 人份　　烹饪时间：35 分钟

## 材料

中筋面粉……105 克

可可粉……10 克

小苏打粉……2 克

盐……1 克

细砂糖……25 克

动物性淡奶油……130 克

苦甜巧克力……45 克

橙皮丁……15 克

蛋液……适量

## 做法

1. 依次将中筋面粉、可可粉、小苏打粉、盐、细砂糖倒入大玻璃碗中。

2. 用橡皮刮刀将碗中材料翻拌均匀。

3. 在中间开窝，倒入动物性淡奶油，用橡皮刮刀翻拌至无干粉，用手揉搓成面团，将面团放在操作台上轻轻压扁，放上苦甜巧克力、橙皮丁，用叠和压的方式将面团揉搓均匀。

4. 将面团分成 5 个小面团，揉搓成球形，放于冰箱冷藏 15 分钟后取出。

5. 平底锅铺上高温布，再放上球形面团，在表面刷上一层蛋液，用中小火煎约 10 分钟，翻面，用小火继续煎约 3 分钟即可。

# 抹茶司康

分量：2 人份　　烹饪时间：30 分钟

## 材料

高筋面粉……85 克
泡打粉……2 克
盐……1 克
细砂糖……35 克
动物性淡奶油……80 克
抹茶粉……4 克
全蛋液……少许

## 做法

1. 将细砂糖、动物性淡奶油倒入大玻璃碗中，以橡皮刮刀翻拌均匀。
2. 倒入盐，拌匀。
3. 倒入抹茶粉，继续拌匀至无干粉。
4. 将泡打粉、高筋面粉过筛至碗里，翻拌成面团。
5. 取出面团放在撒有少许面粉的操作台上，用擀面杖擀成厚薄一致的面皮。
6. 用刮板将面皮分切成八等份的三角块。
7. 平底锅铺上高温布，放上切好的面皮。
8. 用刷子在面皮表面刷上一层全蛋液。
9. 盖上锅盖，用小火煎约 20 分钟至上色、熟软即可。

Tips

揉面团时，双手应同时施力，前后搓动，边搓边推。

## 材料

高筋面粉……95 克

泡打粉…… 2 克

椰丝粉……20 克

盐……1 克

细砂糖……35 克

动物性淡奶油……80 克

## 做法

1. 将动物性淡奶油、细砂糖、盐、椰子粉、椰丝粉倒入大玻璃碗中，翻拌均匀。

2. 将泡打粉、高筋面粉过筛至碗里，以橡皮刮刀翻拌成无干粉的面团。

3. 取出面团放在操作台上，用擀面杖擀成厚薄一致的面皮。

4. 用刮板将面皮分切成四等份。

5. 平底锅铺上高温布,放上切好的面皮。

6. 盖上锅盖，静置发酵约 60 分钟。

7. 用中小火煎约 20 分钟至上色。

8. 揭开锅盖，翻面，继续用中小火煎约 3 分钟至上色，盛出即可。

| Tips |

揉搓面团的时间不要太久，以免影响成品的松软度。

椰香司康

分量: 4 份　　烹饪时间：1 小时 30 分钟

Handmade  Delicious Food

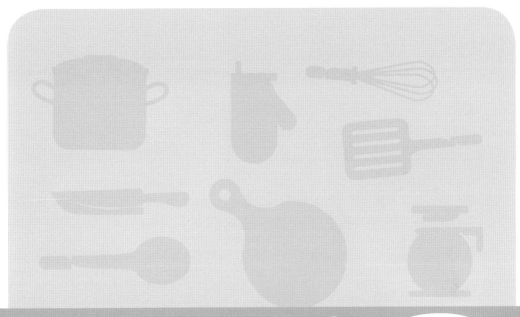

# 餐后还想吃的甜点

在食用过大餐之后，来一点甜蜜的诱惑，
让人不禁心向往之。
将甜品放入口中的那一刻，
饱饱的肚子仿佛又饿了。

# 草莓蛋糕卷

🧆 分量：3 人份　🕐 烹饪时间：15 分钟

## 材料

细砂糖……50 克
牛奶……35 毫升
食用油……35 毫升
低筋面粉……50 克
泡打粉……1 克
蛋黄……50 克
蛋白……95 克
甜奶油……100 克
草莓……50 克

## 做法

1. 将食用油、牛奶倒入大玻璃碗中，搅拌均匀，倒入 10 克细砂糖，倒入蛋黄，搅拌均匀。

2. 将低筋面粉、泡打粉过筛至大玻璃碗中，搅拌至无干粉，即成蛋黄糊。

3. 另起一个大玻璃碗，倒入蛋白、40 克细砂糖，用电动打蛋器搅打至蛋白干性发泡，即成蛋白糊。

4. 取一半的蛋白糊倒入蛋黄糊中，翻拌均匀，再倒入装有剩余蛋白糊的大玻璃碗中，继续搅拌均匀，即成蛋糕糊。

5. 平底锅擦上油加热，倒入蛋糕糊，用小火煎约 4 分钟，即成蛋糕片。

6. 将甜奶油倒入大玻璃碗中，用电动打蛋器搅打至鸡尾状。

7. 将蛋糕片放在铺有油纸的操作台上，涂抹上甜奶油，放上草莓。

8. 用手提起油纸将蛋糕片卷起，撕开油纸，将蛋糕卷切块后装盘即可。

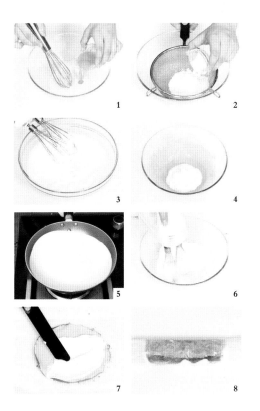

Tips

蛋白分次加入，能更好地搅匀，使蛋糕更松软。

# 杏仁薄饼

分量：1人份　　烹饪时间：40分钟

## 材料

杏仁片……55克

蛋白……30克

细砂糖……20克

盐……1克

炼奶……10克

无盐黄油（隔水溶化）……15克

## 做法

1. 先后将蛋白、细砂糖、盐、炼奶倒入大玻璃碗中，边倒边搅拌均匀。

2. 将隔水溶化的无盐黄油倒入大玻璃碗中，边倒边搅拌。

3. 倒入杏仁片，搅拌混匀，静置半小时。

4. 平底锅置于火上，倒入拌匀的杏仁片糊。

5. 用小火慢煎至杏仁片糊底部呈金黄色。

6. 翻面，继续煎一会儿至另一面呈金黄色。

7. 盛出煎好的杏仁片即可。

Tips

煎锅中的油温以三四成热为宜，过高的油温会将杏仁煎煳。

# 榴莲班戟

分量: 2 人份　　烹饪时间: 40 分钟

## 材料

榴莲肉……200 克
无盐黄油……100 克
牛奶……250 毫升
玉米淀粉……30 克
淡奶油……300 克
食用油……适量
鸡蛋……3 个
低筋面粉……50 克
糖粉……45 克

### Tips

煎面糊的时候最考功夫了，要小心煎，先薄薄的一层，然后可以慢慢加厚。

## 做法

1. 无盐黄油隔水融化，牛奶倒入碗中，再加入低筋面粉、25 克糖粉、玉米淀粉搅匀。

2. 鸡蛋打散，加入面糊中，搅拌均匀后过筛。

3. 把小部分面糊倒入黄油里进行乳化（看不见油），乳化后再倒回面糊里混合均匀。

4. 平底锅不沾水小火预热，倒入少量食用油开始煎饼皮，晃匀面糊，单面煎熟，将饼皮用油纸包好放入冰箱冷藏 30 分钟。

5. 淡奶油加 20 克糖粉打至硬性发泡，榴莲肉压成榴莲肉泥。

6. 拿出一张饼皮，光滑面朝下，放入打发好的淡奶油和榴莲肉，包好即可。

# 千层班戟

⚖ 分量：6人份　🕐 烹饪时间：40分钟

## 材料

牛奶……250毫升　　全蛋液……220克

细砂糖……60克　　无盐黄油……40克

低筋面粉……150克　动物性淡奶油……200克

高筋面粉……65克　　食用油……少许

## 做法

1. 将全蛋液、40克细砂糖倒入大玻璃碗中，拌匀，倒入牛奶、110毫升清水，搅拌均匀。

2. 将低筋面粉、高筋面粉过筛至碗里，搅拌至无干粉，倒入隔水溶化的无盐黄油，拌匀成面糊，静置约20分钟。

3. 平底锅擦上少许食用油后加热，倒入面糊，煎至两面呈金黄色，即成薄饼，盛出，晾凉。

4. 另起一个干净的大玻璃碗，倒入动物性淡奶油、20克细砂糖，用电动打蛋器打至发泡，即成奶油夹馅，装入裱花袋里，待用。

5. 将蛋糕圈放在薄饼上压去多余的部分，依此法完成剩余的薄饼。

6. 取一个盘放在转盘上，将蛋糕圈放在盘中，再放上一片压好的薄饼。

7. 用画圈的方式从中心往外挤上一层奶油夹馅，一边转动转盘，一边用抹刀将奶油夹馅抹平。

8. 再放上一片薄饼，挤上奶油夹馅后抹平，依此法完成剩余铺薄饼、挤奶油的步骤，脱掉蛋糕圈，制成千层班戟。

# 芒果可可班戟

分量：3 人份　　烹饪时间：42 分钟

## 材料

牛奶……150 毫升　　可可粉……5 克

细砂糖……50 克　　动物性淡奶油……100 克

低筋面粉……108 克　　芒果块……适量

全蛋液……100 克　　食用油……少许

无盐黄油……25 克

## 做法

1. 将全蛋液、35 克细砂糖、牛奶倒入大玻璃碗中，用手动打蛋器搅拌均匀。

2. 将低筋面粉、可可粉过筛至碗里，搅拌至无干粉。

3. 将隔水溶化的无盐黄油倒入碗中，搅拌均匀，即成面糊。

4. 将面糊过筛至量杯中，静置约 20 分钟。

5. 平底锅擦上少许食用油后加热，倒入面糊，煎两面上色熟透，即成薄饼，盛出。

6. 依此法将剩余面糊煎成薄饼，盛出放在油纸上，晾凉。

7. 另起一个干净的大玻璃碗，倒入淡奶油、15 克细砂糖，用电动打蛋器打至发泡，装入裱花袋里，待用。

8. 在薄饼上挤上淡奶油，放上芒果块，再挤上一层淡奶油，用薄饼包裹起来，即成芒果可可班戟。

# 蛋白饼抹茶

分量：2 人份　　烹饪时间：20 分钟

## 材料

蛋白……65 克

细砂糖……35 克

低筋面粉……50 克

抹茶粉……6 克

红豆馅……35 克

## 做法

1. 将蛋白、细砂糖倒入大玻璃碗中。
2. 用电动打蛋器搅打至干性发泡。
3. 将低筋面粉过筛至碗里。
4. 将抹茶粉过筛至碗里。
5. 用橡皮刮刀翻拌成无干粉的面糊。
6. 将面糊装入裱花袋中，用剪刀在尖端出剪一个小口。
7. 平底锅铺上高温布，在高温布上挤出爱心型的面糊，用小火煎约 4 分钟至上色，盛出，即成蛋白饼。
8. 用抹刀将红豆馅抹在蛋白饼的一面，盖上另一片蛋白饼即可。

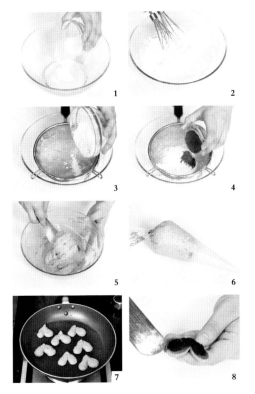

Tips

打发材料时，需要容器和电动打蛋器保持无水无油。

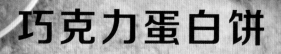

# 巧克力蛋白饼

分量: 3 人份　　烹饪时间: 10 分钟

## 材料

蛋白……65 克

细砂糖……30 克

低筋面粉……55 克

可可粉……4 克

巧克力……适量

防潮糖粉……少许

## 做法

1. 将蛋白、细砂糖倒入大玻璃碗中，用电动打蛋器搅打至干性发泡。

2. 将低筋面粉、可可粉过筛至碗里。

3. 以橡皮刮刀翻拌成无干粉的面糊。

4. 将面糊装入裱花袋里，在裱花袋的尖端处剪一个小口。

5. 平底锅铺上高温布，在高温布上挤出几个圆形的造型面糊，用小火煎约 4 分钟至两面上色、熟透，取出，即成蛋白饼。

6. 将煎好的蛋白饼铺在油纸上，将装入裱花袋的巧克力隔水溶化。

7. 将隔水溶化的巧克力来回挤在蛋白饼上。

8. 将防潮糖粉过筛到蛋白饼上。

Tips

低筋面粉使用前需要过筛，这样才能更好地搅拌均匀。

# 蛋白饼干

分量：2 人份　　　烹饪时间：9 分钟

## 材料

蛋白……65 克

细砂糖……60 克

低筋面粉……15 克

## 做法

1. 蛋白倒入大玻璃碗中。

2. 碗中再倒入细砂糖，用电动打蛋器搅打至蛋白干性发泡。

3. 将低筋面粉过筛至碗中，用手动打蛋器搅拌成无干粉的面糊。

4. 将面糊装入裱花袋中，用剪刀在尖端出剪一个小口。

5. 平底锅铺上高温布，在高温布上挤上数个造型一致的圆形面糊。

6. 盖上锅盖，用中小火煎约 3 分钟至底面上色。

7. 揭盖，整体翻面，改小火继续煎约 1 分钟，即成蛋白饼干。

8. 撕掉高温布，盛出煎好的蛋白饼干即可。

Tips

用剪刀在裱花袋尖端剪一个小口时，口不能剪得太大。

## 材料

熟黑芝麻粉……30 克

细砂糖……25 克

糯米粉……80 克

食用油……少许

## 做法

1. 将熟黑芝麻粉、15 克细砂糖倒入小玻璃碗中，翻拌均匀，即成芝麻糖粉。

2. 将糯米粉倒入大玻璃碗中。

3. 碗中放入 10 克细砂糖、100 毫升清水，翻拌至细砂糖完全溶化，即成糯米粉浆。

4. 平底锅置于火上加热，倒入糯米粉浆，用橡皮刮刀翻拌均匀。

5. 用中小火将糯米糊翻拌成比较有黏性的麻薯。

6. 双手带上透明手套，抹上少许油，捏取小球状麻薯。

7. 将小球状麻薯稍稍压扁，包入芝麻糖粉。

8. 小球状麻薯表面沾裹上芝麻糖粉即可。

Tips

熟透的糯米粉团要多揉捏，吃起来较有弹性。

# 芝麻麻薯

分量: 3 人份　　烹饪时间: 9 分钟

# 法式金砖

分量：2 人份　　烹饪时间：8 分钟

## 材料

厚吐司……2 片

无盐黄油……50 克

蓝莓……10 克

小金橘（对半切）……1 个

细砂糖……适量

炼乳……少量

## 做法

1. 用切刀将吐司的四边切剪掉，再切成块。

2. 将切好的吐司块放入冰箱冷冻至变硬。

3. 用刷子蘸上溶化的黄油刷在吐司块的表面。

4. 再将吐司块裹上一层细砂糖，依照此法完成剩余的吐司块。

5. 平底锅置于火上加热，放入吐司块。

6. 用中火煎一会儿，改小火慢煎至底面呈金黄色，翻面，将其余几个面均煎至呈金黄色。

7. 用筷子夹出煎好的吐司块，装入盘中。

8. 将炼乳装入裱花袋里，再来回挤在吐司块上，最后摆上小金橘、蓝莓作装饰即可。

| Tips |

可以用蜂蜜来代替炼乳，热量会低一些。

# 大豆粉糖丸

⚖ 分量：3 人份　　🕐 烹饪时间：16 分钟

## 材料

低筋面粉……70 克

无盐黄油……30 克

糖粉……20 克

蜂蜜……15 克

大豆粉（炒熟）……80 克

## 做法

1. 将无盐黄油倒入大玻璃碗中。

2. 倒入糖粉，用橡皮刮刀翻拌至无干粉。

3. 倒入 45 克大豆粉，拌匀。

4. 将低筋面粉过筛至碗里，加入少许清水，翻拌成无干粉的面团。

5. 倒入蜂蜜，翻拌均匀，用手揉搓成面团。

6. 将面团分成数个小面团放在手中揉搓成圆形的面团。

7. 平底锅铺上高温布，放上圆面团后用手压成窝形，用中小火煎约 3 分钟至底面上色，翻面，改小火煎约 30 秒，关火后盖上锅盖，再焖约 10 分钟，即成大豆饼。

8. 取出大豆饼放入装有剩余大豆粉的碗中裹上一层大豆粉即可。

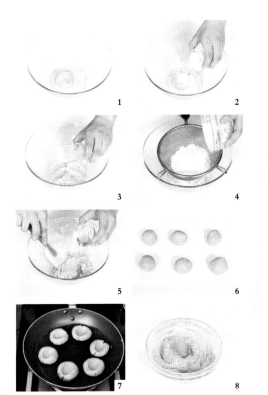

Tips

喜爱吃甜一些的话可以在炒制大豆粉时加入少许糖粉。

# 香草叶糖丸

分量: 3 人份　　烹饪时间: 10 分钟

## 材料

低筋面粉……60 克

糖粉……20 克

无盐黄油……30 克

香草精……1 克

防潮糖粉……适量

## 做法

1. 将无盐黄油倒入大玻璃碗中，用橡皮刮刀拌匀。

2. 倒入糖粉，翻拌至无干粉。倒入香草精，拌匀。将低筋面粉过筛至碗里拌匀，分成数个小面团放在手中揉搓成圆形的面团。

3. 平底锅铺上高温布，放上圆面团后用手压扁，盖上锅盖，用中小火煎约 3 分钟至底面上色。

4. 揭开锅盖，翻面，改小火继续煎约 1 分钟至底面上色，即成香草煎饼。

5. 盛出煎好的香草煎饼，放入装有防潮糖粉的碗中裹上一层糖粉，制成香草叶糖丸即可。

Tips

可以利用香草荚来代替香草精。

# 腰果挂霜

分量：2 人份　　烹饪时间：8 分钟

## 材料

腰果……100 克

细砂糖……25 克

清水……10 毫升

## 做法

1. 平底锅置于灶台上，中火烧热。

2. 倒入腰果，翻炒一会儿至上色，盛出待用。

3. 锅中倒入细砂糖、清水。

4. 煮至细砂糖完全熔化。

5. 倒入腰果，翻炒均匀。

6. 直至腰果表面裹上一层白霜，盛出即可。

Tips

腰果炒后不宜放得太凉，否则不容易裹上糖浆。

Handmade    Delicious    Food

# 享受又无负担的美味

**4**

热爱美食的人最想得到的技能是"狂吃不胖"，
不节食也能瘦的美食让你无减肥负担，
只需要享受吃就可以了。
本章将手把手教你享受吃不胖的美味！

# 蜂蜜芝麻薄饼

分量: 1 人份　　烹饪时间: 10 分钟

## 材料

全蛋液……40 克　　　黑芝麻……15 克
牛奶……40 毫升　　　蜂蜜……30 克
细砂糖……5 克　　　　橙酒……5 毫升
低筋面粉……35 克　　核桃碎……适量
黑芝麻粉……15 克　　柠檬……1 片
无盐黄油……23 克

## 做法

1. 将全蛋液、牛奶、细砂糖、100 毫升清水倒入大玻璃碗中, 搅拌均匀。

2. 将低筋面粉、黑芝麻粉过筛至碗里, 继续搅拌均匀至无干粉。

3. 将隔水溶化的 15 克无盐黄油倒入碗中, 搅拌均匀, 即成薄饼面糊。

4. 平底锅擦上少许黄油加热, 倒入薄饼面糊使之呈圆片状, 用中小火煎至上色, 折成三角形, 即成薄饼, 盛出装盘。

5. 另起平底锅加热, 倒入黑芝麻, 用小火炒出香味, 倒入 8 克无盐黄油, 翻炒至黄油融化。

6. 将蜂蜜、橙酒倒入干净的大玻璃碗中, 搅拌均匀。

7. 将炒熟的黑芝麻倒入碗中, 拌匀, 制成芝麻酱。

8. 将芝麻酱淋在薄饼上, 放上核桃碎、柠檬片做装饰即可。

Tips

煎饼时可多晃动锅, 以免粘锅。

# 缤纷水果酸奶薄饼

分量：1 人份　　烹饪时间：10 分钟

## 材料

全蛋液……45 克

牛奶……20 毫升

细砂糖……10 克

老酸奶……35 克

低筋面粉……55 克

无盐黄油……8 克

芒果丁……30 克

草莓丁……30 克

草莓（对半切）……2 个

## 做法

1. 依次将全蛋液、细砂糖、20 克老酸奶、50 毫升清水倒入大玻璃碗中，搅拌均匀。

2. 将低筋面粉过筛至碗中，搅拌至无干粉，制成薄饼面糊。

3. 平底锅擦上少许黄油加热。

4. 倒入薄饼面糊使之呈圆片状，用中小火煎至上色，制成薄饼。

5. 将芒果丁、草莓丁装入小玻璃碗中，倒入 10 克老酸奶，拌匀，制成水果馅。

6. 将水果馅倒在薄饼上，再将薄饼折成三角形包住水果馅，续煎一小会儿。

7. 盛出后装在盘中，在饼上切十字刀后往外翻起。

8. 淋上 5 克老酸奶，最后放上对半切的草莓做装饰即可。

| Tips |

煎饼的时候火不要太大，以免煎焦了。

# 健康豆腐煎饼

分量: 2 人份　　烹饪时间: 5 分钟

## 材料

五花肉……50 克

嫩豆腐……170 克

蛤蜊……100 克

胡萝卜……50 克

白芝麻……8 克

面粉……30 克

鸡蛋……40 克

朝天椒……5 克

葱白……10 克

陈醋……3 毫升

椰子油……5 毫升

辣椒酱、盐、白胡椒粉、

辣椒粉……各适量

## 做法

1. 五花肉切丁; 嫩豆腐用刀压碎; 胡萝卜切丁; 蛤蜊将肉取出, 去除内脏; 葱白切丁。

2. 取一个大碗, 倒入嫩豆腐、蛤蜊肉、五花肉, 加入胡萝卜、葱白, 倒入 4 克白芝麻。

3. 打入鸡蛋, 加入面粉、辣椒酱、盐、白胡椒粉, 搅拌匀, 待用。

4. 热锅倒入适量椰子油烧热, 倒入拌匀的食材, 煎至两面呈金黄色, 盛出。

5. 将煎饼修齐, 切成长方形, 整齐铺入盘中。

6. 取小碗, 放入椰子油、陈醋、4 克白芝麻、朝天椒、辣椒粉拌匀成酱汁, 倒入小容器中, 摆放在煎饼旁边, 食用时蘸食即可。

# 蔬菜饼

分量：2 人份　　烹饪时间：4 分钟

## 材料

西红柿……120 克

青椒……40 克

面粉……100 克

包菜……50 克

鸡蛋……50 克

盐……2 克

酸奶……适量

食用油……适量

## 做法

1. 洗净的青椒切开，去子，切成小块；洗净的西红柿切丁；洗净的包菜切碎。

2. 用油起锅，倒入包菜、青椒、西红柿，炒匀，盛入盘中，待用。

3. 取一个碗，倒入面粉，倒入打散的鸡蛋液、酸奶，拌匀，注入适量的清水，拌匀制成面糊，倒入炒好的食材，拌匀，加入盐，搅拌均匀。

4. 煎锅注油烧热，倒入面糊，摊成面饼，将面饼煎至两面呈金黄色。

5. 将煎好的蔬菜饼盛出，装入盘中即可。

# 黄豆粉饼干

分量：2 人份　　　烹饪时间：18 分钟

## 材料

低筋面粉……70 克

黄豆粉……30 克

细砂糖……25 克

熟黑芝麻……20 克

玉米油……30 毫升

牛奶……30 毫升

## 做法

1. 将低筋面粉、黄豆粉、细砂糖、熟黑芝麻倒入玻璃大碗中。

2. 用手动打蛋器搅拌均匀。

3. 倒入玉米油、牛奶，用橡皮刮刀翻拌至无干粉。

4. 用手揉搓一会儿，使其成为圆形的面团。

5. 取出面团放在操作台上，用擀面杖将面团擀成厚薄一致的面皮。

6. 用圆形模具在面皮上按压出数个饼干坯。

7. 平底锅铺上高温布，再放上饼干坯，用叉子在饼干坯表面戳出小洞。

8. 开中火煎约 7 分钟至饼干坯底上色，翻面，撤走高温布，继续煎 7 分钟至上色，盛出装盘即可。

Tips

擀面饼的时候一定要注意擀得各处厚度均等，不然饼干不容易受热均匀。

# 辫子面包

🍱 分量：4人份　　🕐 烹饪时间：2小时35分钟

## 材料

高筋面粉……170克
酵母粉……2克
细砂糖……15克
盐……3克
全蛋液……15克
食用油……15毫升

## 做法

1. 先后将高筋面粉、酵母粉、细砂糖、盐、全蛋液、90毫升清水、食用油倒入大玻璃碗中。

2. 以橡皮刮刀翻拌至无干粉，揉搓成面团，取出面团放在操作台上继续揉搓至光滑。

3. 将面团揉扁，拉起筋度，继续揉搓，再次将面团揉搓至光滑。

4. 将揉好的面团放入玻璃碗中，盖上保鲜膜，静置发酵约60分钟。

5. 撕掉保鲜膜，取出面团，分切成三等份，以收紧口的方式将面团捏成球形，再滚圆，擀成厚薄一致的薄面皮，再搓成长圆柱形。

6. 将三条的一端搭在一起，呈现放射状，再将另一端搭成为辫子状，再让其首尾相连，使其成为圈，即成辫子面团。

7. 平底锅铺上高温布，放上辫子面团，静置发酵约50分钟。

8. 用中小火煎约20分钟至上色，翻面，继续煎约10分钟至上色即可。

# 韩国面包

分量: 5 人份　　烹饪时间: 1 小时 30 分钟

## 材料

韩国面包粉（高筋面粉）……120 克

全蛋液……25 克

牛奶……35 毫升

无盐黄油……12 克

黑芝麻……10 克

细砂糖……10 克

盐……1 克

## 做法

1. 将韩国面包粉倒入大玻璃碗中。

2. 碗中依次倒入细砂糖、盐、黑芝麻、全蛋液、牛奶，以橡皮刮刀翻拌至无干粉。

3. 用手揉搓成面团，取出后放在操作台上继续揉至呈光滑的面团。

4. 将揉好的面团稍稍按扁，放上无盐黄油后包裹起来，继续揉搓至光滑。

5. 将揉好的面团装入玻璃碗中，盖上保鲜膜，静置发酵约 50 分钟。

6. 待发酵好，取出面团，用刮板分切成数个大小一致的小面团，揉搓成光滑的圆面团。

7. 将揉好的圆面团放在平底锅中，再喷上少许水，再次发酵约 20 分钟。

8. 用小火煎约 10 分钟，翻面，继续煎约 5 分钟，盛出即可。

# 胡萝卜面包

分量：3 人份　　　烹饪时间：1 小时 18 分钟

## 材料

高筋面粉……100 克

牛奶……30 毫升

无盐黄油……15 克

细砂糖……15 克

酵母粉……2 克

盐……1 克

全蛋液……25 克

胡萝卜碎……15 克

## 做法

1. 将高筋面粉、细砂糖、酵母粉、盐，用手动打蛋器搅拌均匀。

2. 倒入牛奶、全蛋液，以橡皮刮刀翻拌成无干粉的面团。

3. 取出面团放在操作台上继续揉搓一会儿，按扁，再放上无盐黄油，揉搓至光滑。

4. 摔打几次面团使其更有筋道，放上胡萝卜碎。

5. 继续揉至面团光滑，放在玻璃碗中，盖上保鲜膜静置发酵约 30 分钟。

6. 取出发酵好的面团，用刮板分切成三等份，分别揉搓至光滑。

7. 平底锅铺上高温布，放上揉好的面团，继续发酵约 30 分钟。

8. 用小火煎约 10 分钟至整体膨胀、表面上色即可。

Tips

面粉在揉到一定程度以后，不太容易抻开，这个时候就可以加入黄油了。

## 材料

高筋面粉……90 克

紫薯泥……74 克

细砂糖……10 克

盐……1 克

酵母粉……2 克

全蛋液……25 克

牛奶……30 毫升

无盐黄油……12 克

## 做法

1. 将牛奶、细砂糖倒入大玻璃碗中，用手动打蛋器搅拌均匀。

2. 倒入紫薯泥，倒入全蛋液，快速搅拌均匀。

3. 倒入高筋面粉、酵母粉、盐，用橡皮刮刀翻拌成无干粉的面团。

4. 取出面团，放在操作台上继续揉搓一会儿，反复几次往前揉长，继续揉搓至光滑，轻轻按扁，放上无盐黄油，继续揉搓至面团光滑。

5. 将揉好的面团放在玻璃碗中，盖上保鲜膜静置发酵约 30 分钟。

6. 将发酵好的面团分切成三等份，均揉搓至光滑，盖上保鲜膜静置发酵约 10 分钟。

7. 平底锅铺上高温布，放上面团，盖上锅盖，继续发酵约 20 分钟。

8. 揭开锅盖，用小火煎约 10 分钟至整体膨胀、表面上色即可。

# 紫薯面包

分量：3 人份　　烹饪时间：1 小时 18 分钟

# 全麦牛奶司康

分量：6 人份　　　烹饪时间：1 小时 25 分钟

## 材料

| | |
|---|---|
| 橄榄油……少许 | 泡打粉……3 克 |
| 洋葱丁……60 克 | 盐……2 克 |
| 葡萄干……40 克 | 细砂糖……8 克 |
| 高筋面粉……100 克 | 牛奶……100 毫升 |
| 全麦面粉……70 克 | 蛋液……适量 |

## 做法

1. 平底锅中倒入橄榄油烧热，倒入洋葱丁，翻炒至熟软，盛出。

2. 葡萄干装入小碗中，倒入热水泡至变软。

3. 依次将高筋面粉、全麦面粉、泡打粉、盐、细砂糖倒入大玻璃碗中，搅拌均匀。

4. 倒入牛奶，以橡皮刮刀翻拌均匀至无干粉，揉搓成面团。

5. 取出面团放在操作台上，用手轻轻压扁，在中间放上炒好的洋葱、泡软的葡萄干。

6. 用叠压的方式将洋葱、葡萄干包裹起来，包上保鲜膜后放入冰箱冷藏1 小时。

7. 取出冷藏好的面团，分切成大小一致的 6 块。

8. 平底锅铺上高温布，放上面团块，表面刷上蛋液，用中小火煎约 10 分钟，翻面，用小火继续煎约 5 分钟即可。

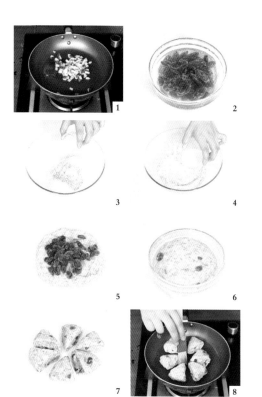

Tips

面团冷藏的温度以 10℃左右为佳，这样能增强面团的韧性。

# 面包棒

📊 分量：3 人份　　🕐 烹饪时间：46 分钟

## 材料

高筋面粉……150 克

全蛋液……30 克

牛奶……70 毫升

清水……70 毫升

酵母粉……1.5 克

细砂糖……7 克

盐……1 克

## 做法

1. 将牛奶、清水、细砂糖、酵母粉、盐、全蛋液倒入大玻璃碗中，搅拌均匀。

2. 倒入高筋面粉，以橡皮刮刀翻拌成无干粉的面团，放在操作台上继续揉搓至光滑，再反复摔打几次，揉匀，放入玻璃碗中，盖上保鲜膜静置发酵约 30 分钟。

3. 取出发酵好的面团，擀成厚薄一致的薄面皮，分切成宽约为 2 厘米的长条，即成面包棒坯。

4. 平底锅铺上高温布，放上面包棒坯，用筷子在上面戳上几个洞，用小火煎约 10 分钟至整体膨胀、表面上色即可。

# 面包条

分量: 3 人份　　烹饪时间: 42 分钟

## 材料

高筋面粉……120 克
酵母粉……2 克
盐……3 克
迷迭香（干）……少许
食用油……少许

## Tips

可以将迷迭香揉入面团中，这样味道会更加香。

## 做法

1. 将高筋面粉倒入大玻璃碗中。

2. 往装有酵母粉的小玻璃碗中倒入 40 毫升清水，搅拌均匀，和 40 毫升清水一起倒入大玻璃碗中，倒入盐，拌成无干粉的面团，放在操作台上，继续揉搓至面团光滑，盖上保鲜膜，静置发酵约 30 分钟。

3. 取出发酵的面团，放在操作台上，擀成长方形面皮，再分切成宽度为 2 厘米的长条。

4. 平底锅中刷上油后烧热，放上几条切好的长条面皮，在表面刷上少许食用油。

5. 撒上迷迭香，用小火煎 6 分钟制成面包条，盛入盘中即可。

# 水果比萨

分量: 4 人份　　烹饪时间: 42 分钟

## 材料

高筋面粉……120 克

酵母粉……2 克

盐……1 克

苹果（切片）……50 克

芒果（切丁）……50 克

橘子瓣……30 克

食用油……适量

蜂蜜……少许

开心果碎……少许

## 做法

1. 将高筋面粉倒入大玻璃碗中。

2. 往装有酵母粉的小玻璃碗中倒入 40 毫升清水，搅拌均匀。

3. 将拌匀的酵母水、40 毫升清水倒入大玻璃碗中。

4. 倒入盐，用橡皮刮刀翻拌成无干粉的面团，放在操作台上，继续揉搓至面团光滑，盖上保鲜膜，静置发酵约 30 分钟。

5. 取出发酵的面团，放在操作台上，用擀面杖擀成厚薄一致的面皮。

6. 平底锅中倒入食用油后加热，倒入苹果、芒果、橘子，翻炒上色，盛出待用。

7. 将面皮铺在平底锅上，铺上炒好的水果，用小火煎出香味，盖上锅盖，继续用小火煎至底部上色。

8. 揭开锅盖，用喷枪烘烤水果表面，继续煎一会儿，盛出装盘，挤上少许蜂蜜，撒上开心果碎即可。

| Tips |

可依个人喜好，加入不同的水果，使比萨味道更丰富。

# 蔬菜比萨

分量：4 人份　　烹饪时间：12 分钟

## 材料

高筋面粉……120 克

酵母粉……2 克

盐……1 克

胡萝卜（切片）……适量

玉米粒……少许

黑橄榄（切圈）……少许

腌黄瓜（切片）……少许

葱花……少许

葡萄干……少许

食用油……适量

Tips

若没有高筋面粉，可用普通
面粉代替。

## 做法

1. 将高筋面粉倒入大玻璃碗中。

2. 往装有酵母粉的小玻璃碗中倒入 40 毫升清水，搅拌均匀。

3. 将拌匀的酵母水、40 毫升清水倒入大玻璃碗中。

4. 倒入盐，用橡皮刮刀翻拌成无干粉的面团，放在操作台上，继续揉搓至面团光滑，盖上保鲜膜，静置发酵约 30 分钟。

5. 取出发酵好的面团，放在操作台上，用擀面杖擀成厚薄一致的面皮。

6. 平底锅里刷上少许食用油烧热，倒入胡萝卜、玉米粒，翻炒食材至熟软、上色，盛出。

7. 另起平底锅刷上少许油加热，放入面皮，铺上炒好的食材，再放上黑橄榄、腌黄瓜，撒上少许葱花。

8. 盖上锅盖，用中小火煎约 3 分钟至底部上色，盛出，撒上少许葡萄干即可。

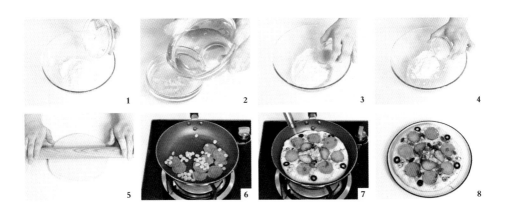

# 全麦吐司三明治

🍽 分量：2 人份　　🕐 烹饪时间：10 分钟

## 材料

全麦吐司……2 片

生菜……1 片

鸡蛋……1 个

黄瓜……4 片

红椒圈……少许

芝士片……1 片

沙拉酱、色拉油、黄油……各少许

## 做法

1. 煎锅中倒入少许色拉油，打入鸡蛋，煎至成形，翻面，煎至熟透后盛出。

2. 煎锅烧热，放入吐司片，加入少许黄油，煎至两面金黄色后盛出。

3. 将材料摆放在白纸上，分别在 2 片吐司上刷一层沙拉酱。

4. 在其中 1 片吐司上放上芝士片、洗净的生菜叶，刷上沙拉酱，放上煎蛋、红椒圈、黄瓜片，盖上另 1 片吐司，制成三明治。

5. 将三明治切成小块，装入盘中即可。

Tips

宜选用软硬适中的吐司，做成的三明治更松软可口。

# 佛卡夏

分量：4 人份　　烹饪时间：1 小时 20 分钟

## 材料

高筋面粉……125 克
酵母粉……1 克
盐……1 克
橄榄油……5 毫升
清水……75 毫升
迷迭香……少许

## 做法

1. 先后将高筋面粉、酵母粉、少许盐、橄榄油、清水倒入大玻璃碗中，用橡皮刮刀翻拌至无干粉。

2. 用手揉搓成面团，取出放在操作台上，继续揉搓成光滑的面团。

3. 将面团放在玻璃碗中，盖上保鲜膜，静置发酵约 40 分钟至两倍大。

4. 撕开保鲜膜，取出发酵好的面团，分切成 3 个大小一致的面团，揉搓成光滑的圆面团，盖上保鲜膜，继续发酵约 15 分钟。

5. 撕掉保鲜膜，取出面团放在操作台上，用擀面杖擀开，拍扁，刷上少许橄榄油，用手指压出凹痕，放上迷迭香，即成佛卡夏面坯。

6. 平底锅预热，刷上少许橄榄油，放上佛卡夏面坯。

7. 撒上少许盐，用中小火煎约 15 分钟，翻面继续煎一会儿至其呈金黄色，取出装盘，食用时切成块即可。

# 黑橄榄佛卡夏

分量: 4 人份　　烹饪时间: 50 分钟

## 材料

高筋面粉……125 克

酵母粉……2 克

盐……2 克

黑胡椒碎……1 克

橄榄油……5 毫升

黑橄榄（切圈）……适量

Tips

使用酵母粉来发酵面团，会
有独特的香气。

## 做法

1. 往装有酵母粉的小玻璃碗中倒入适量清水，拌匀。

2. 依次将高筋面粉、小玻璃碗中的材料、盐、0.5 克黑胡椒碎、少量清水倒入大玻璃碗中，翻拌成无干粉的面团。

3. 取出面团放在操作台上，揉搓一会儿至面团光滑。

4. 将揉好的面团放回大玻璃碗中，盖上保鲜膜，静置发酵约 30 分钟。

5. 取出发酵的面团，放在操作台上，用擀面杖擀成厚薄一致的圆形面皮。

6. 平底锅中刷上少许橄榄油后加热，放入擀好的面皮，刷上一层橄榄油。

7. 在面皮表面撒上剩余的黑胡椒碎。

8. 用筷子均匀插上一些孔，放上黑橄榄，用中小火煎至两面上色，盛出即可。

Handmade        Delicious        Food

Part

# 5

## 欢聚时刻的美食

特殊的节日里一定有好多晚会要参加吧?
现在就教你几道非常简单，看起来又高档的美食，
为你的晚会锦上添花，
尽情地在家招待你的朋友吧!

# 比萨

分量：4 人份　　烹饪时间：1 小时 20 分钟

## 材料

| | |
|---|---|
| 高筋面粉……130 克 | 圣女果片……20 克 |
| 酵母粉……1 克 | 腊肠片……20 克 |
| 盐……2 克 | 芝士碎……25 克 |
| 番茄酱……25 克 | 罗勒碎……适量 |
| 洋葱条……35 克 | |

## 做法

1. 将高筋面粉、酵母粉倒入大玻璃碗中，拌匀。

2. 碗中再倒入盐、80 毫升清水，以橡皮刮刀翻拌均匀至无干粉，揉搓成团。

3. 取出面团放在操作台上，继续揉搓至面团光滑，放入玻璃碗中，包上保鲜膜，静置发酵约 50 分钟。

4. 取出发酵好的面团放在操作台上，用擀面杖擀成厚薄一致的面皮。

5. 将面皮铺在平底锅上，用叉子插上均匀的细孔。

6. 往面皮上挤上番茄酱，用刷子将番茄酱刷匀。

7. 铺上洋葱条、圣女果片、腊肠片、芝士碎。

8. 用中小火煎烤约 25 分钟上色，撒上干罗勒碎，取出盛入盘中即可。

Tips

面皮上的食材尽量铺均匀，才能保证比萨的外观及口感。

# 生火腿芝麻比萨

分量：2 人份　　　烹饪时间：30 分钟

## 材料

比萨面团……1 片

生火腿……3 片

芝麻叶……适量

番茄酱汁……适量

马苏里拉干酪……30 克

帕马森干酪……适量

橄榄油……20 毫升

## 做法

1. 将比萨面团擀开至可放入煎锅的大小。

2. 在煎锅里倒入橄榄油，开中火加热。放入准备好的比萨面团，以手指调整形状。

3. 一边摇晃煎锅一边煎，避免比萨底部焦煳。待煎出漂亮的金黄色后，关火，接着均匀涂上番茄酱汁，撒上马苏里拉干酪。

4. 盖上锅盖，再次开中火焖烧，直到干酪溶化，放上芝麻叶、生火腿、帕马森干酪即可。

Tips

面皮不要擀得太厚，以免影响口感。

# 玛格丽特比萨

 分量：2 人份　　🕐 烹饪时间：30 分钟

## 材料

比萨面团……1 片

番茄酱汁……适量

马苏里拉干酪……30 克

帕马森干酪粉……适量

罗勒叶……适量

干牛至……少许

橄榄油……20 毫升

### Tips

可依个人喜好，适当增加干酪的用量。

## 做法

1. 将比萨面团擀开至可放入煎锅的大小。

2. 在煎锅里倒入橄榄油，开中火加热。放入准备好的比萨面团，以手指调整形状。

3. 一边摇晃煎锅一边煎，避免比萨底部焦煳。待煎出漂亮的金黄色后，关火。接着均匀涂上番茄酱汁，撒上马苏里拉干酪。

4. 盖上锅盖，再次开中火，焖烧至干酪溶化为止。

5. 干酪溶化后，撒上牛至、罗勒叶、帕玛森干酪粉即可。

# 番茄佛卡夏

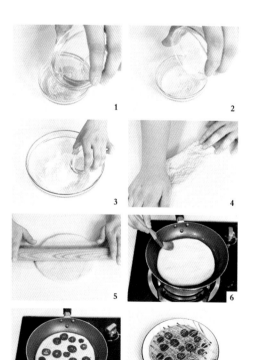

分量：3人份　　烹饪时间：50分钟

## 材料

高筋面粉……130克

圣女果（切片）……3个

细砂糖……10克

酵母粉……2克

盐……1克

橄榄油……5毫升

番茄酱……少许

沙拉酱……少许

迷迭香……少许

## 做法

1. 往装有酵母粉的小玻璃碗中倒入30毫升清水，拌匀。

2. 倒入盐，拌匀。

3. 依次将高筋面粉、小玻璃碗中的材料、50毫升清水倒入大玻璃碗中，用橡皮刮刀将大玻璃碗中的材料翻拌成无干粉的面团。

4. 取出面团，放在操作台上，继续揉搓至面团光滑，盖上保鲜膜，静置发酵约30分钟。

5. 取出发酵的面团，放在操作台上，擀成厚薄一致的圆形面皮。

6. 平底锅中刷上少许橄榄油后加热，放入擀好的面皮，在面皮上刷上橄榄油。

7. 用筷子均匀插上一些孔，放上圣女果，用中小火煎约3分钟至底部呈金黄色。

8. 翻面，继续煎一会儿至底部上色，盛出装盘，挤上番茄酱、沙拉酱，撒上迷迭香即可。

# 核桃两面烧面包

分量: 3 人份    烹饪时间: 1 小时 20 分钟

## 材料

高筋面粉……165 克      动物性淡奶油……30 克

细砂糖……15 克        无盐黄油……15 克

盐……2 克            核桃碎……20 克

全蛋液……15 克        白兰地……5 毫升

酵母粉……3 克         葡萄干……20 克

清水……55 毫升

## 做法

1. 将高筋面粉、细砂糖、盐、全蛋液、酵母粉、清水、动物性淡奶油倒入大玻璃碗中。

2. 用橡皮刮刀翻拌成无干粉的面团，取出面团放在操作台上继续揉搓至面团光滑。

3. 将面团轻轻压扁，放上无盐黄油，继续揉搓至光滑。

4. 将面团往前揉扁。

5. 核桃碎加白兰地拌匀，与葡萄干一起放在揉扁的面团上。

6. 将面团揉搓均匀，滚圆，放在铺有高温布的平底锅上，盖上锅盖，静置发酵约 50 分钟。

7. 揭盖，用中火煎约 15 分钟至上色。

8. 翻面，继续煎约 5 分钟。

# 黑巧克力面包

分量: 3 人份　　烹饪时间: 1 小时 35 分钟

## 材料

高筋面粉……90 克　　蛋黄液……9 克

细砂糖……9 克　　动物性淡奶油……12 克

盐……1 克　　清水……42 毫升

可可粉……3 克　　无盐黄油……8 克

酵母粉……1 克

## 做法

1. 依次将高筋面粉、细砂糖、盐、可可粉、酵母粉、炼奶倒入大玻璃碗中。

2. 倒入蛋黄液、动物性淡奶油、清水，以橡皮刮刀翻拌至无干粉，揉搓成面团。

3. 取出面团放在操作台上，继续揉搓至面团光滑。

4. 将面团压扁，放上无盐黄油，继续揉搓至光滑。

5. 将揉好的面团放入玻璃碗中，盖上保鲜膜，静置发酵约 50 分钟。

6. 撕掉保鲜膜，取出发酵好的面团。

7. 将面团分成三等份，以收紧口的方式将面团捏成球形，再滚圆。

8. 平底锅铺上高温布，放上捏好的面团，继续发酵约 30 分钟，用中小火煎约 10 分钟后取出即可。

# 蔓越莓面包

分量: 3 人份　　烹饪时间: 1 小时 40 分钟

## 材料

高筋面粉……112 克

细砂糖……10 克

酵母粉……2 克

蔓越莓干……15 克

核桃仁……10 克

无盐黄油……10 克

盐……1 克

## 做法

1. 往装有酵母粉的小玻璃碗中加入 20 毫升清水拌匀。

2. 倒入细砂糖, 倒入盐, 搅拌均匀。

3. 将高筋面粉倒入大玻璃碗中, 倒入小玻璃碗中拌匀的材料, 再倒入 50 毫升清水, 以橡皮刮刀翻拌成无干粉的面团, 再揉至光滑。

4. 将面团放在操作台上, 轻压按扁后放上黄油, 揉至混合均匀, 再按扁, 放上蔓越莓干、核桃仁, 包裹起来后继续揉搓均匀。

5. 将面团放回大玻璃碗中, 盖上保鲜膜静置发酵约 30 分钟, 取出, 用擀面杖擀成厚薄一致的长方形面皮, 再滚成圆柱形, 再将圆柱形面团做成爱心形。

6. 平底锅铺上高温布, 放上爱心面团, 静置发酵约 1 小时。

7. 用中小火煎约 3 分钟至上色, 继续用中小火煎约 1 分钟至上色。

## 材料

低筋面粉……100 克

无盐黄油……40 克

核桃仁……适量

枫糖浆……35 克

盐……1 克

全蛋液……少许

## 做法

1. 将无盐黄油倒入大玻璃碗中。

2. 倒入枫糖浆，拌匀。

3. 倒入盐，拌匀。

4. 将低筋面粉过筛至碗里，以橡皮刮刀翻拌成无干粉的面团。

5. 取出面团，放在操作台上，用擀面杖擀成厚薄一致的面皮。

6. 用圆形模具按压出数个饼干坯。

7. 平底锅铺上高温布，放上饼干坯，往饼干坯上刷上一层全蛋液。

8. 放上核桃仁，盖上锅盖，用中小火煎约10分钟至饼干坯底上色即可。

核桃枫糖饼干

分量：2 人份　　烹饪时间：15 分钟

Tips

若是没有枫糖浆，可以用蜂蜜代替。

# 腰果曲奇

🔢 分量：2 人份　　🕐 烹饪时间：20 分钟

## 材料

无盐黄油……30 克

细砂糖……25 克

全蛋液……13 克

低筋面粉……55 克

腰果……20 克

可可粉……5 克

## 做法

1. 将腰果切碎，待用。

2. 平底锅用中火加热，放入腰果翻炒至散发出香味，盛出待用。

3. 将无盐黄油倒入大玻璃碗中，倒入细砂糖，翻拌均匀。

4. 倒入全蛋液，倒入炒好的腰果碎，拌匀。

5. 先后将可可粉、低筋面粉过筛至碗里，翻拌成无干粉的面团。

6. 分成数个小面团，放在手中揉搓成圆形的面团。

7. 平底锅铺上高温布，放上圆面团后用手压扁，盖上锅盖，用中小火煎约 3 分钟至底面上色。

8. 揭开锅盖，翻面，改小火煎约 1 分钟，关火后盖上锅盖，再焖约 10 分钟，关火后盛出即可。

Tips

腰果的多少可根据自己的喜好进行添加。

# 水果饼干

分量：2 人份　　烹饪时间：18 分钟

## 材料

低筋面粉……70 克

无盐黄油……40 克

细砂糖……40 克

动物性淡奶油……80 克

香草精……2 克

盐……1 克

草莓粒……少许

蓝莓……少许

葡萄干……少许

橘子瓣……少许

树莓……少许

## 做法

1. 将无盐黄油倒入大玻璃碗中。

2. 倒入细砂糖、盐，倒入香草精，拌匀。

3. 将低筋面粉过筛至碗里，翻拌成无干粉的面团。

4. 取出面团，放在操作台上，用擀面杖擀成厚薄一致的面皮，用爱心模具按压出数个饼干坯。

5. 平底锅铺上高温布，放上饼干坯，用中小火煎约 10 分钟至饼干坯底上色。

6. 将动物性淡奶油倒入另一个干净的大玻璃碗中，用电动打蛋器打至干性发泡。

7. 将打发好的动物性淡奶油装入裱花袋，在裱花袋尖端处剪一个小口。

8. 取出煎好的饼干，挤上打发好的动物性淡奶油，放上橘子瓣、蓝莓、草莓粒、葡萄干、树莓做装饰即可。

Tips

面团要擀制成薄一点的面饼，这样煎出来的饼干更加香脆可口。

# 焦糖坚果塔

⏲ 分量：2 人份　🕐 烹饪时间：20 分钟

## 材料

无盐黄油……40 克
细砂糖……40 克
盐……1 克
全蛋液……12 克
低筋面粉……50 克
夏威夷果……15 克

杏仁……15 克
核桃……10 克
动物性淡奶油……15 克
蜂蜜……15 克

## 做法

1. 依次将溶化的 25 克无盐黄油、25 克细砂糖、盐倒入大玻璃碗中，用橡皮刮刀翻拌均匀。

2. 分 2 次加入全蛋液，边倒边搅拌均匀。

3. 将低筋面粉过筛至大玻璃碗中，以橡皮刮刀翻拌至无干粉。

4. 将拌匀的材料揉搓成球形面团，再擀成厚薄一致的面皮，用圆形模具在面皮上按压出数个塔皮坯。

5. 平底锅垫上高温布，放上塔皮坯，用叉子在表面插上小孔，用中小火煎约 10 分钟，制成塔皮。

6. 将核桃、杏仁、夏威夷果倒入平底锅中，开中小火，用锅铲翻炒至上色，盛出待用。

7. 另起平底锅加热，倒入动物性淡奶油、15 克细砂糖、蜂蜜、15 克无盐黄油，翻拌均匀。

8. 倒入炒好的干果，翻拌均匀制成馅，放在煎好的塔皮上即可。

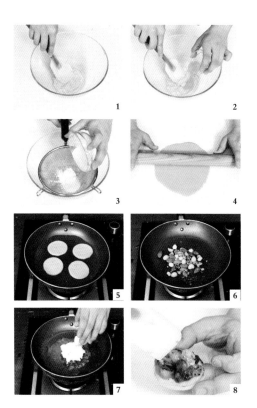

Tips

捏挞皮时，要尽量捏薄一点，否则会不酥脆，影响口感。

# 年轮蛋糕

分量：2 人份　　烹饪时间：25 分钟

## 材料

蛋黄……30 克

低筋面粉……100 克

色拉油……30 毫升

牛奶……120 毫升

蛋清……60 克

细砂糖……125 克

蜂蜜……10 克

糖浆……适量

 Tips

卷蛋糕的时候，应将颜色较深的一面朝外，
卷出来的蛋糕更美观。

## 做法

1. 把蛋黄倒入玻璃碗中，加入低筋面粉、色拉油、牛奶、蜂蜜拌匀，搅成纯滑的面浆。

2. 取另一玻璃碗，倒入细砂糖，加入蛋白，用电动搅拌器拌至发泡。

3. 将面浆和打发好的蛋白混合，用长柄刮板搅拌均匀。

4. 煎锅烧热，放入蛋白面浆，用小火煎至定型，呈圆饼状，煎至焦黄色，盛出，刷上一层糖浆。

5. 用一根筷子将蛋糕卷成圆筒状，再逐一卷上余下两块抹有糖浆的蛋糕。

6. 抽去筷子，把卷好的蛋糕切成小块即可。

# 抹茶草莓年轮蛋糕

分量: 2 人份　　烹饪时间: 26 分钟

## 材料

全蛋液……108 克

抹茶粉……4 克

细砂糖……50 克

低筋面粉……53 克

玉米粉……18 克

泡打粉……1 克

无盐黄油……16 克

牛奶……25 毫升

食用油、草莓……各适量

### Tips

抹茶粉要过筛后才能加入面糊中，以免结块，成品色泽不均匀。

## 做法

1. 将全蛋液、细砂糖倒入大玻璃碗中，用电动打蛋器搅打至发泡。将低筋面粉、玉米粉、抹茶粉、泡打粉过筛至碗里，拌成面糊。

2. 将融化的无盐黄油倒入装牛奶的小玻璃碗中，拌匀，倒入大玻璃碗中，拌匀成蛋糕糊。

3. 平底锅擦上黄油加热，倒入面糊抹匀，煎至面糊熟透，即成抹茶蛋糕片，盛出，依此法再煎出两张抹茶蛋糕片。

4. 在操作台上放上一片抹茶蛋糕片，再放上草莓卷起，即成草莓蛋糕卷，放在两片抹茶蛋糕片上，继续卷起，即成抹茶草莓年轮蛋糕，对半切开即可。

# 咖啡水果蛋糕

分量：4 人份　　烹饪时间：30 分钟

## 材料

低筋面粉……100 克

细砂糖……45 克

牛奶（温热）……35 毫升

全蛋液……25 克

无盐黄油……35 克

咖啡粉……3 克

苏打粉……2 克

泡打粉……1 克

甜奶油……150 克

蓝莓……少许

树莓……少许

草莓……少许

薄荷叶……少许

| Tips |

可以根据自己的喜好选择加
入的水果。

## 做法

1. 将温牛奶倒入咖啡粉中，拌匀，制成咖啡牛
   奶液。

2. 将无盐黄油、细砂糖倒入大玻璃碗中，以橡
   皮刮刀翻拌均匀，倒入全蛋液、咖啡牛奶液，
   用电动打蛋器搅打均匀。

3. 将低筋面粉、苏打粉、泡打粉过筛至碗中，
   以橡皮刮刀翻拌成无干粉的面糊。

4. 将面糊装入裱花袋中，用剪刀在尖端处剪一
   个小口。

5. 平底锅铺上高温布，放上圆形模具，往模具
   内挤入面糊，用小火煎约 20 分钟至熟，取
   出待凉后脱模，制成咖啡蛋糕。

6. 将甜奶油倒入另一个干净的大玻璃碗中，
   用电动打蛋器搅打至干性发泡，再装入裱
   花袋中。

7. 将咖啡蛋糕放在转盘上，切成三片蛋糕，取
   一片咖啡蛋糕放在转盘上，挤上一层打发甜
   奶油，放上对半切的蓝莓。

8. 盖上第二片咖啡蛋糕，挤上打发的甜奶油，
   再放上蓝莓，盖上最后一片咖啡蛋糕，在蛋
   糕表面涂满打发的甜奶油，放上蓝莓、树莓、
   对半切开的草莓、薄荷叶做装饰即可。

# 香橙蛋糕

分量：2人份　　烹饪时间：24分钟

## 材料

全蛋液……55克

无盐黄油……50克

细砂糖……60克

低筋面粉……75克

盐……1克

泡打粉……1克

浓缩橙汁……20克

香橙（切片）……适量

## 做法

1. 将无盐黄油、细砂糖倒入大玻璃碗中，用橡皮刮刀翻拌均匀。

2. 倒入盐，翻拌拌匀。

3. 倒入全蛋液，翻拌均匀。

4. 倒入橙汁，翻拌拌匀。

5. 将低筋面粉、泡打粉均过筛至碗里，翻拌成无干粉的面糊。

6. 将面糊装入裱花袋中，用剪刀在尖端处剪一个小口。

7. 平底锅铺上高温布，放上圆形模具，往模具内挤入适量面糊。

8. 放上香橙片，用小火煎约20分钟至熟，取出待凉后脱模，制成香橙蛋糕即可。

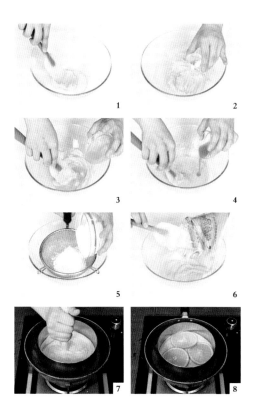

Tips

低筋面粉过筛后制作蛋糕，可使蛋糕口感更细腻。

# 章鱼小丸子

分量: 2 人份　　烹饪时间: 15 分钟

## 材料

章鱼烧粉……100 克　　青海苔粉……适量

食用油……适量　　　　木鱼花……适量

鸡蛋……1 个　　　　　沙拉酱……适量

鱿鱼……1 条　　　　　章鱼烧汁……适量

包菜……半个

洋葱……1 个

## 做法

1. 将鱿鱼、包菜、洋葱切成粒，将章鱼烧汁、鸡蛋、300 毫升清水用手动打蛋器在碗中搅成面糊，再倒入量杯中备用。

2. 在章鱼小丸子烤盘上刷一层油，放在炉灶上烧热。

3. 将面糊倒入至七分满。

4. 依次加入鱿鱼粒、包菜粒、洋葱粒。

5. 继续倒入面糊至将烤盘填满。

6. 待底部的面糊成型后，用钢针沿孔周围切断面糊，翻转丸子，将切断的面糊往孔里塞。

7. 烤至成型后，继续翻动小丸子，直到外皮呈金黄色。

8. 将烤好的小丸子装盘，放上木鱼花、青海苔粉，浇上章鱼烧汁、沙拉酱即可。

# 杏仁瓦片

分量：1人份　　烹饪时间：15分钟

## 材料

蛋白……60 克

细砂糖……53 克

低筋面粉……25 克

杏仁片……40 克

无盐黄油……14 克

## 做法

1. 将蛋白、细砂糖倒入大玻璃碗中，用手动打
   蛋器搅拌均匀。

2. 倒入低筋面粉，快速搅拌均匀至无干粉。

3. 倒入杏仁片，搅拌均匀。

4. 将隔热水溶化的无盐黄油倒入碗中，搅拌均
   匀，即成杏仁蛋糊。

5. 平底锅铺上高温布，用中火加热。

6. 倒入适量杏仁蛋糊，中小火煎约 3 分钟至底
   面上色。

7. 翻面，撤掉高温布，改小火继续煎约 1 分钟
   至底面上色，盛出即可。

Tips

煎得颜色较深的地方味道会微苦，可将其
去掉，以免破坏口感。

Handmade     Delicious     Food

## 适合送人的礼物甜点

Part **6**

送礼,该送什么好?
如果是自己亲手做的甜点的话,
那可就太有意义了!
美味的烘焙甜点,配上精致的贺卡,
真是心意满满的礼物啊!

# 铜锣烧

 分量: 4 人份　🕐 烹饪时间: 30 分钟

## 材料

低筋面粉……240 克　　色拉油……40 毫升

鸡蛋液……200 克　　细砂糖……80 克

食粉……3 克　　　　糖液……适量

水……6 毫升　　　　红豆馅……40 克

牛奶……15 毫升

蜂蜜……60 克

## 做法

1. 将水、牛奶、细砂糖倒入大碗中。

2. 加入色拉油、鸡蛋液、蜂蜜，搅拌均匀。

3. 将低筋面粉、食粉过筛至大碗中，快速搅拌成糊状。

4. 将面糊倒入裱花袋中，在尖端部位剪开一个小口。

5. 煎锅置于火上，倒入适量面糊，用小火煎至起泡，翻面，煎至熟盛出，依此将余下的面糊煎成面皮。

6. 取一块面皮，刷上适量糖液。

7. 放入适量红豆馅，盖上另一块面皮，制成红豆铜锣烧。

8. 依次将余下的面皮做成红豆铜锣烧，在铜锣烧表面再刷上适量糖液即可。

| Tips |

可以用蜂蜜替代糖液。

# 小熊棒棒糖铜锣烧

分量: 2人份　　烹饪时间: 30分钟

## 材料

蛋黄……40克

细砂糖……35克

蜂蜜……6克

酱油……2毫升

味啉……4克

低筋面粉……40克

小苏打粉……1克

食用油……少许

## 做法

1. 将蛋黄倒入大玻璃碗中。

2. 碗中倒入细砂糖、蜂蜜，用手动打蛋器搅拌均匀。

3. 倒入酱油、味啉，搅拌均匀。

4. 将低筋面粉过筛至碗中，搅拌成无干粉的糊状。

5. 将小苏打粉加适量清水拌匀后倒入面糊中，快速搅拌均匀，装入裱花袋中，待用。

6. 平底锅刷上少许食用油后加热，将裱花袋尖角处剪一个小口，将面糊在平底锅上挤出圆形。

7. 在圆形面糊旁边挤出两个小的圆形面糊作为耳朵，使其呈小熊头状。

8. 在小熊头下部放入一根棒子，用小火将小熊面糊底面煎至呈金黄色，翻面，用小火将面糊煎成两面呈金黄色的面饼。

| Tips |
| --- |

煎铜锣烧的时候火候不要太大，以免煎焦。

# 鲷鱼烧

分量: 6 人份　　烹饪时间: 10 分钟

## 材料

鸡蛋液……120 克

细砂糖……48 克

蜂蜜……24 克

牛奶……60 毫升

低筋面粉……120 克

泡打粉……2.4 克

植物油……18 毫升

豆沙馅……108 克

黄油……适量

## 做法

1. 鸡蛋液中加入细砂糖及蜂蜜,用手动打蛋器搅拌均匀。

2. 低筋面粉和泡打粉混合过筛后,在鸡蛋糊中加入一半的面粉,用手动打蛋器拌匀。

3. 加入一半的牛奶搅拌均匀,加入剩下的面粉,搅拌均匀后再加入剩余的牛奶搅匀。

4. 加入植物油,用打蛋器搅匀,装入量杯中方便倒取面糊。

5. 模具先预热,再刷一层融化的黄油防止粘。

6. 倒入少许面糊,盖住模具底部,放入豆沙馅。

7. 倒入少许面糊盖住馅心,注意角落的地方也要淋到才完整。

8. 盖上模具调至小火,加热约 1 分钟翻面,再加热 2 分钟,再翻面烤 30 秒。试着打开模具,判断是否需要继续烘烤,如果已经烤好,取出冷却即可。

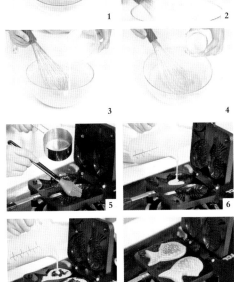

Tips

煎好的小鱼要放晾网冷却,以免有水汽。

# 奶香饼干

分量: 3 人份　　烹饪时间: 7 分钟

## 材料

全蛋液……10 克

低筋面粉……124 克

香草精……2 克

细砂糖……38 克

玉米油……22 毫升

牛奶……18 毫升

炼奶……15 克

## 做法

1. 将玉米油、牛奶、细砂糖、炼奶倒入大玻璃碗中，搅拌均匀。

2. 倒入香草精，搅拌均匀。

3. 倒入全蛋液，搅拌均匀。

4. 将低筋面粉过筛至碗里，用橡皮刮刀翻拌至无干粉，用手揉搓成面团。

5. 取出面团放在操作台上，用擀面杖擀成厚薄一致的面皮。

6. 用小熊模具按压出数个饼干坯。

7. 平底锅铺上高温布，放上饼干坯铺好，盖上锅盖，用小火煎 5 分钟至底部上色。

8. 揭开锅盖，翻面，继续用小火煎至上色，盛出即可。

Tips

可根据个人喜好，适量增减细砂糖的用量。

# 抹茶饼干

分量: 2 人份　　烹饪时间: 8 分钟

## 材料

低筋面粉……60 克

细砂糖……30 克

全蛋液……8 克

无盐黄油……30 克

抹茶粉……3 克

## 做法

1. 将放置于室温软化的无盐黄油倒入大玻璃碗中。

2. 倒入细砂糖、盐，以橡皮刮刀翻拌均匀。

3. 倒入全蛋液，拌匀。

4. 将低筋面粉、抹茶粉过筛至碗里，翻拌至无干粉，用手揉搓成面团。

5. 取出面团放在操作台上，擀成厚薄一致的面皮，用小熊模具按压出数个饼干坯。

6. 平底锅铺上高温布，放上饼干坯铺好。

7. 盖上锅盖，用小火煎约 5 分钟至饼干坯底部上色，揭开锅盖，翻面，继续煎一会儿至底部上色即可。

Tips

小熊模具内圈可以抹上少许食用油，便于面团脱膜。

# 芝麻饼干

分量：2人份　　烹饪时间：8分钟

## 材料

蛋白……68克
低筋面粉……18克
无盐黄油……17克
细砂糖……58克
白芝麻……30克

## Tips

可以用黑芝麻代替白芝麻。

## 做法

1. 将蛋白、细砂糖倒入大玻璃碗中，搅拌至细砂糖溶化。
2. 倒入低筋面粉，快速搅拌至无干粉。
3. 倒入白芝麻，拌匀。
4. 倒入隔热水溶化的无盐黄油，边倒边搅拌均匀，制成蛋白糊。
5. 平底锅铺上高温布，用中火加热。
6. 倒入适量蛋白糊，改中小火煎约3分钟至底面上色。
7. 揭开锅盖，翻面，改小火继续煎约1分钟至底面上色，制成芝麻饼干。
8. 盛出煎好的芝麻饼干即可。

# 花生饼干

分量：2 人份　烹饪时间：10 分钟

## 材料

低筋面粉……65 克

细砂糖……28 克

大豆油……30 毫升

花生酱……20 克

盐……1 克

## 做法

1. 将花生酱、大豆油倒入大玻璃碗中，用橡皮刮刀翻拌均匀。

2. 倒入细砂糖，搅拌均匀。

3. 倒入盐，搅拌均匀。

4. 将低筋面粉过筛至碗里，翻拌至无干粉，用手揉搓成面团。

5. 将面团分成数个小面团，放在手掌上按压成扁面皮，制成饼干坯。

6. 平底锅铺上高温布，放上按压好的饼干坯。

7. 盖上锅盖，用小火煎约 5 分钟至饼干坯底部上色。

8. 揭开锅盖，翻面，继续煎一会儿至底部上色即可。

Tips

面团中加入少许盐，会让饼干成品口感更好。

# 干果饼干

🍯 分量：2 人份　　🕐 烹饪时间：10 分钟

## 材料

低筋面粉……115 克
无盐黄油……40 克
糖粉……45 克
开心果……5 克
杏仁片……5 克
牛奶……12 毫升

## 做法

1. 将放置于室温软化的无盐黄油倒入大玻璃碗中。

2. 倒入糖粉，翻拌均匀，倒入牛奶，搅拌均匀。

3. 将开心果、杏仁片放在操作台上，切碎。

4. 将切碎的干果倒入大玻璃碗中，继续搅拌均匀。

5. 将低筋面粉过筛至碗里，翻拌至无干粉，用手揉搓成面团。

6. 取出面团放在操作台上，擀成厚薄一致的面皮。

7. 用爱心模具压出数个饼干坯。

8. 平底锅铺上高温布，放上饼干坯铺好，用小火煎约 5 分钟至饼干坯底部上色，翻面，继续煎一小会儿即可。

Tips

可在模具内壁刷上黄油，这样更易脱模。

# 芝士饼干

分量：2 人份　　烹饪时间：12 分钟

## 材料

低筋面粉……105 克

全蛋液……8 克

蛋黄液……20 克

芝士粉……25 克

细砂糖……35 克

大豆油……30 毫升

牛奶……30 毫升

盐……1 克

## 做法

1. 将大豆油、牛奶倒入大玻璃碗中，搅拌均匀。

2. 倒入细砂糖，继续拌匀。

3. 倒入盐、全蛋液，搅拌均匀。

4. 将低筋面粉、芝士粉过筛至碗中，用橡皮刮刀翻拌至无干粉，用手揉搓成面团。

5. 取出面团，放在操作台上，擀成厚薄一致的面皮。

6. 用花形模具按压出数个饼干坯。

7. 平底锅铺上高温布，放上饼干坯铺好。

8. 在饼干坯表面刷上一层蛋黄液，用中小火煎约 5 分钟至底部呈金黄色，盛出即可。

Tips ————

牛奶不宜加太多，否则饼干生坯不易成型。

# 芝麻蛋白饼

分量：2 人份　　烹饪时间：8 分钟

## 材料

低筋面粉……70 克

蛋白……65 克

细砂糖……38 克

香草精……2 克

黑芝麻……少许

白芝麻……少许

## 做法

1. 将蛋白、细砂糖倒入大玻璃碗中，用电动打蛋器搅打至干性发泡。

2. 将低筋面粉过筛至碗里，以橡皮刮刀翻拌成无干粉的面糊。

3. 倒入香草精，继续搅拌均匀。

4. 将面糊装入裱花袋里。

5. 平底锅铺上高温布。

6. 在裱花袋的尖端处剪一个小口，在高温布上挤出几个扁圆形的造型面糊。

7. 在面糊表面撒上黑芝麻、白芝麻。

8. 盖上锅盖，用小火煎约 3 分钟至底部上色。

9. 揭盖，翻面，继续用小火煎 1 分钟，取出，制成芝麻蛋白饼即可。

# 布列塔尼酥饼

分量：2 人份　烹饪时间：14 分钟

## 材料

无盐黄油……45 克　　泡打粉……1 克

糖粉……39 克　　　杏仁粉……3 克

盐……1 克　　　　　蛋黄液……少许

低筋面粉……60 克

## 做法

1. 将无盐黄油倒入大玻璃碗中，用电动打蛋器搅打均匀。

2. 将糖粉过筛至碗里，以橡皮刮刀翻拌至无干粉的状态。

3. 加入蛋黄液，继续搅拌均匀。

4. 倒入盐，拌匀。

5. 将低筋面粉过筛至碗里，翻拌至无干粉的状态。用手揉搓成面团，待用。

6. 操作台上铺上保鲜膜，放上面团后用保鲜膜包裹，擀成厚薄一致的面皮。

7. 打开保鲜膜，用圆形模具按压出数个饼干坯。

8. 用剪刀将高温布修剪成与平底锅底一般大小，再将高温布铺在置于灶台上的平底锅底上。

9. 放上饼干坯，刷上少许蛋黄液。

10. 用叉子在饼干坯上画出纹路。

11. 盖上锅盖，用小火烘烤约 10 分钟即可。

# 绿豆糕

分量：3 人份　　烹饪时间：45 分钟

## 材料

去皮绿豆……180 克
糖粉……50 克
食用油……少许

## 做法

1. 将去皮绿豆装入蒸盘。

2. 倒入少许清水。

3. 平底锅中注入适量清水，放上蒸架，蒸架上放上蒸盘，开大火将水烧沸后转中小火蒸约 30 分钟，取出蒸好的绿豆，放凉后倒入大玻璃碗中，用橡皮刮刀翻拌成绿豆泥。

4. 平底锅置于火上，倒入绿豆泥，边加热边用橡皮刮刀翻拌均匀。

5. 改为小火，将绿豆泥炒干，关火，待绿豆泥稍稍放凉，转入大玻璃碗中，再倒入糖粉，拌匀。

6. 用刷子往模具上刷上食用油。

7. 取适量绿豆泥放入压模中压成型。

8. 将绿豆糕脱模，制成绿豆糕即可。

1　2　3　4　5　6　7　8

Tips

绿豆性寒，不可食用未煮熟透的绿豆，以免引起腹泻。

# 花生牛轧糖

🔲 分量：6 人份　　🕐 烹饪时间：35 分钟

## 材料

白色棉花糖……300 克

无盐黄油……50 克

无糖奶粉……125 克

熟花生……200 克

黑芝麻……100 克

## 做法

1. 黄油切成小片，用不粘锅加热使之融化成液体。

2. 加入棉花糖不断翻拌，让棉花糖溶化，和黄油完全混匀至糖浆变稠。

3. 加入奶粉拌匀，至奶粉溶化立即离火。

4. 将花生与黑芝麻加入糖浆里，快速混匀，制成牛轧糖浆。

5. 油布垫在方形烤盘上，把牛轧糖浆倒进去。

6. 戴上手套，将牛轧糖整理成方形（约 1.5 厘米厚），再盖上油布，擀平整。

7. 冷却后切成长 5 厘米、宽 1 厘米的小块，用糖纸包起来即可。

## Tips

搅拌过程中若棉花糖凝固，则可再加热
10 ~ 20 秒。